社会网络视角下资源型企业绿色行为的形成与扩散研究

Research on the Formation and Diffusion of Green Behavior in Resource-based Enterprises under Social Network

谢雄标　郝祖涛　冯忠垒　程　胜　著

中国地质大学出版社
CHINA UNIVERSITY OF GEOSCIENCES PRESS

图书在版编目(CIP)数据

社会网络视角下资源型企业绿色行为的形成与扩散研究/谢雄标等著.—武汉：中国地质大学出版社，2017.11
ISBN 978-7-5625-4146-2

Ⅰ.①社…
Ⅱ.①谢…
Ⅲ.①企业环境管理-研究
Ⅳ.①X322

中国版本图书馆 CIP 数据核字(2017)第 265510 号

社会网络视角下资源型企业绿色行为的形成与扩散研究	谢雄标　郝祖涛　冯忠垒　程胜　著

责任编辑：陈琪	责任校对：徐蕾蕾

出版发行：中国地质大学出版社(武汉市洪山区鲁磨路388号)	邮编：430074
电　　话：(027)67883511　传　真：(027)67883580	E-mail:cbb@cug.edu.cn
经　　销：全国新华书店	http://cugp.cug.edu.cn
开本：787毫米×960毫米　1/16	字数：258千字　印张：13.125
版次：2017年11月第1版	印次：2017年11月第1次印刷
印刷：湖北星艺彩数字出版印刷技术有限公司	印数：1—500册
ISBN 978-7-5625-4146-2	定价：45.00元

如有印装质量问题请与印刷厂联系调换

前　言

在资源环境对社会经济可持续发展影响越来越大的背景下，企业绿色转型发展成为必然。在此背景下，企业绿色行为研究具有重要的理论和现实意义。本书主要以社会网络理论、社会认知理论、资源基础理论、行为过程理论等为基础，以资源型企业为样本，研究了社会网络对企业绿色行为的影响机制，社会网络中企业绿色行为形成机制及演化过程，社会网络中企业绿色行为的扩散机制，并在调研基础上提出了相关政策措施建议。

本书认为：

（1）企业社会网络对管理者认知和资源获取都存在正向影响，企业管理者认知和资源获取对企业绿色行为存在正向影响，企业管理者认知和资源获取在"企业社会网络—绿色行为"关系中起中介作用。

（2）企业以追求经济效益、社会效益、环境效益为目标，受到了来自企业外部和内部因素的共同影响，通过企业利益相关者网络，企业能有更好的管理认知和获取更多的外部资源，进而促进企业绿色行为的形成。

（3）在企业网络中，随着利益结构和利益导向的改变，企业网络节点的利益属性将发生同构性的变化，网络节点的利益属性或导向结构及其变化，影响网络的过度嵌入性、网络资源的支持方向和网络的结构，进而影响企业绿色行为。

（4）采纳者网络上的绿色行为扩散过程是典型的马尔科夫链，而且是一个吸收链，绿色行为扩散的平均步数与采纳者网络的平均邻接不知情者的数目成正比。

(5)总体而言，资源型企业有一定的绿色意识，比较重视生产过程控制、管理制度的规范，但还存在一些问题，如环保制度的建设和执行还有待提高，员工绿色意识及相关技能有待增强，绿色技术创新的投入和产出明显不足，环保专业人才缺失较为严重等。

(6)企业绿色转型过程中要善于利用网络获取企业所需要的管理者认知、绿色技术、金融支持；政府要加强环境宣传、强化环境规制、构建绿色合作系统、支持企业绿色发展，不断增强企业绿色发展意识和发展能力，驱动企业主动实施绿色战略。

本书的成果丰富了企业绿色行为理论，主要学术贡献如下：

(1)企业绿色行为受多种因素的影响，已有研究主要讨论技术、经济、制度因素对企业绿色行为影响机制。本书从社会网络视角揭示了社会因素对企业绿色行为的影响机制。

(2)在企业管理者环境认知对企业绿色行为的影响机制研究中，现有研究强调环境形势、环境规制认知的作用。本书以企业为决策主体，基于认知的机会识别理论，在环境形势、环境规制认知的基础上，增加了绿色行为效果认知、相关方合作预期，更符合企业实际绿色决策行为。

(3)企业绿色行为体现在企业生产经营全过程中，已有研究主要从具体活动来划分。本书基于企业绿色发展程度差异，将企业绿色行为划分为常规绿色管理和绿色技术创新，分别对应于企业浅绿和深绿发展战略，这种维度划分有助于反映企业绿色行为的战略意图。

(4)在企业绿色行为演化研究中，关于企业绿色管理与企业外部因素的互动在网络层次上是如何发生并怎样对企业绿色管理演化产生影响的，以往研究并未加以关注和探讨。本书基于经济行为的社会嵌入理论和网络动力学相关研究，通过分析企业绿色管理嵌入的不同形态社会网络与企业绿色管理之间的互动，建立了企业绿色管理的演化机制，为解决现有研究在企业绿色管理发展阶段性上存在的分歧提供了新的思路。

(5)在企业绿色行为扩散研究中,本书应用非线性动力系统定性理论方法分析了时滞对资源型企业绿色行为扩散和Logistic确定的时滞模型平衡解稳定性的影响,明确时滞对于关键要素的依赖;以博弈论为工具,对绿色行为扩散进行马尔科夫链分析,揭示采纳者网络的复杂拓扑结构对绿色行为扩散的影响;构建采纳者潜量动态变化的绿色行为扩散Bass预测模型。

(6)本书也拓展了社会网络理论在企业行为与战略方面的应用研究。原有社会网络对企业行为与战略的影响研究,主要探讨社会网络资源获取机制、有效信息沟通机制,本书基于心理行为过程理论,探索了社会网络对企业行为及战略影响的认知机制,拓展了社会网络理论在企业行为与战略方面的应用研究。

本书总体上是一种探索。鉴于企业社会网络的复杂性、企业行为的多样性,加上作者学识和能力的有限性,本书还存在局限性和不足,恳请读者批评指正。

著 者

2017年3月

目　录

第一章　绪　论 …………………………………………………………（1）

　　第一节　研究背景及问题提出 …………………………………………（1）

　　第二节　国内外研究述评 ………………………………………………（4）

　　第三节　研究目标、内容及技术路线 …………………………………（12）

第二章　基本理论与方法 ………………………………………………（16）

　　第一节　社会网络理论与方法 …………………………………………（16）

　　第二节　复杂网络理论与方法 …………………………………………（19）

　　第三节　企业战略行为理论 ……………………………………………（31）

　　第四节　行为扩散理论与模型 …………………………………………（33）

　　第五节　本章小结 ………………………………………………………（39）

第三章　社会网络与资源型企业绿色行为关系的理论模型 …………（40）

　　第一节　社会网络与资源型企业绿色行为理论溯源 …………………（40）

　　第二节　社会网络与企业绿色行为关系模型构建及研究假设 ………（46）

　　第三节　本章小结 ………………………………………………………（50）

第四章　社会网络与资源型企业绿色行为关系模型的多案例实证检验…（52）

　　第一节　研究方法 ………………………………………………………（52）

第二节 数据来源及分析 …………………………………… (58)
第三节 案例描述 ………………………………………………… (61)
第四节 案例内分析 ……………………………………………… (76)
第五节 跨案例分析 ……………………………………………… (89)
第六节 案例研究结论 …………………………………………… (102)
第七节 本章小结 ………………………………………………… (105)

第五章 社会网络与资源型企业绿色行为关系模型的大样本实证检验… (106)

第一节 量表开发 ………………………………………………… (106)
第二节 数据收集及描述 ………………………………………… (108)
第三节 量表信度与效度分析 …………………………………… (113)
第四节 共同方法偏差检验 ……………………………………… (113)
第五节 研究假设检验 …………………………………………… (114)
第六节 本章小结 ………………………………………………… (120)

第六章 社会网络中资源型企业绿色行为的形成机制与过程 ………… (121)

第一节 企业绿色行为决策影响因素识别 ……………………… (121)
第二节 基于熵权模糊决策法的关键因素分析 ………………… (123)
第三节 资源型企业绿色行为形成的机制与过程理论剖析 …… (129)
第四节 本章小结 ………………………………………………… (132)

第七章 采纳者网络与资源型企业绿色行为互动演化机制与过程 …… (133)

第一节 企业绿色行为与采纳者网络 …………………………… (133)
第二节 采纳者—绿色行为的二分网络 ………………………… (136)
第三节 从众行为与绿色行为采纳过程 ………………………… (137)
第四节 本章小结 ………………………………………………… (141)

第八章 基于演化博弈的资源型企业绿色行为扩散机制与过程 ……… (142)

第一节 二分网络演化稳定状态下企业绿色行为分析 ………… (142)

第二节　资源型企业绿色行为采纳网络及其动态演化 …………（146）
  第三节　基于采纳者网络的资源型企业绿色行为扩散博弈分析 ……（149）
  第四节　本章小结 ………………………………………………………（160）

第九章　社会网络与资源型企业绿色行为扩散模型及检验 …………（162）
  第一节　资源型企业绿色行为扩散与 Bass 模型 ……………………（162）
  第二节　绿色行为扩散预测的 Bass 模型实用性研究 ………………（166）
  第三节　纳入社会网络等关键要素的绿色行为扩散预测研究 ………（169）
  第四节　本章小结 ………………………………………………………（177）

第十章　研究结论和展望 …………………………………………………（178）
  第一节　研究结论 ………………………………………………………（178）
  第二节　研究成果学术价值及实践启示 ………………………………（180）
  第三节　研究展望 ………………………………………………………（182）

主要参考文献 ………………………………………………………………（184）
后记 …………………………………………………………………………（199）

第一章 绪 论

第一节 研究背景及问题提出

一、研究背景

随着中国工业化进程的不断加快,各行业对资源的需求量不断加大,战略资源保障力度也受到了严重影响,制约着国家的经济发展。我国是煤炭、钢铁领域的全球第一消耗大国以及石油消耗第二大国(敖宏等,2009),日益增长的资源需求对资源型企业高效发展提出了更高的要求。粗放的经济发展中资源型企业生产经营成为了污染物的主要来源之一,为环境治理带来了巨大的挑战,国家也为此付出了巨额的经济代价。火电、采矿、冶炼等资源依赖型行业是我国 GDP 的重要贡献者,同时也是我国 SO_2 和化学需氧量(COD)的主要产生者,也是多数环境纠纷和事件的"触发者"。据我国环境保护相关部门 2013 年统计数据显示,我国水泥业颗粒物排放占全国同类物质排放总量的 15%~20%,粉尘排放占到工业排放总量的 30%,氮氧化物排放量约占全国同类物质排放总量的 10%~12%。2013 年 1 月 31 日,中国石化集团董事长傅成玉公开表示,炼油企业是雾霾天气直接责任人之一。占我国每年总发电量 78%的火力发电每两分钟就能产生足以填满一个标准游泳池的煤灰,而清洁能源风能发电量仅为总发电量的 2%。

日益突出的环境问题显示出了环境作为"公共产品"的市场失灵,尤其是那些加快工业化进程的发展中国家。污染行为具有负外部性,而治污行为则因具有正外部性而使得公众收益大于治污单位收益,形成了改善动力弱、监管难和实施难的局面。因此,自 1983 年"环境保护"被列入中国基本国策以来,中国政府相关部门制定了严格的环境规章制度来约束企业的环境污染、破坏行为,并从 2003 年开始大为推进企业环境信息公开制度和环境行为评价制度建设,旨在促进企业生产经营与环境可持续发展相协调,在实现经济发展的同时有效缓解严重的环境污染问题。

2010 年发布的《第一次全国污染源普查报告》,将企业视为污染的重要来源(秦佳荔,2012)。贺灿飞等(2010)认为企业在推动城市经济繁荣的同时也形成了对生态环境的威胁,企业对环保的投入直接影响着污染排放总量,进而影响到城市的可持续发展。污染的形成并非一朝一夕,而是折射出了经济发展、企业经营以及污染治理的长期不合理。2014 年 4 月 25 日,修订后的《中华人民共和国环境保护法》颁布,2015 年 1 月 1 日正式实施。这是环保法实施 25 年以来首次大修,堪称"最严环保法"。新修订的环保法对企业要求更严,首次规定"按日计罚"的严厉措施,对污染企业处以从未有过的最大违法成本(陈守明等,2017)。

以不可再生资源的开采及初加工为主营业务的资源型企业为人们提供着基础的生产生活资料,在国民经济发展过程中起着基础性保障作用(李宇凯等,2010)。作为基础行业,资源型企业的发展也在经济、政治、军事等领域占有重要的地位,企业产品具有稀缺性和不可再生性,其可持续发展在相当程度上影响着国家的稳定。从国家安全角度出发,资源型企业具有国家层面的资源保护和资源节约责任(吉海涛,2010)。然而,目前国内的许多资源型企业仍因传统的粗放式发展存在着资源利用率低、环境污染风险高、生产工艺落后等现象。资源型企业的不合理发展不仅带来了经济风险,更从资源利用和污染方面对国家的资源安全和生态环境构成了威胁。资源型企业对环境危害的表现如表 1-1 所示。

表 1-1 资源型企业对环境破坏的主要类型及形式(据吉海涛,2009)

环境破坏的主要类型	表现形式
环境污染	大气污染、江河湖泊、地下水污染、土壤污染、植被破坏
地质灾害	地质塌陷、滑坡、崩塌、泥石流、水土流失、土地沙化、地裂、矿井突水、瓦斯爆炸、冒顶、煤层自燃、煤矸石自燃等
资源破坏	固体废物压占土地资源、破坏植被;地下挖掘造成地表塌陷;废水废物排放污染地下水资源;矿产开采破坏水均衡;露天剥采破坏植被;露天矿改变地形地貌等

企业环境社会责任是企业社会责任的一部分，表现为企业在谋求自身经济利益最大化的同时，在经营过程中开展清洁生产，合理利用资源，防治污染工作，在提高经济效益的同时承担保护环境的义务（董仲义，2012）。对于已经造成的环境污染，作为污染源头的资源型企业存在着责任缺失和治理不善的问题。在中国，企业以经济效益为第一发展驱动力，社会责任意识淡薄，资源型企业尤为突出且由来已久，而目前，我国资源型企业同时呈现出了社会责任超载和社会责任缺失的特点（吉海涛，2009）。吉海涛（2010）认为资源型企业社会责任缺失包括了企业对自然和员工两方面的责任缺失，其成因在于社会、政府、企业多方面的意识淡薄、模糊，监管不力、执法不严。面对日益严峻的环境污染问题，企业具有不可推卸的责任。因此，企业在经营活动中必须严格把控自身经营行为对自然环境的影响，并以负责任的态度把对环境的负外部性降至可实现的最低水平，努力构建"资源节约型和环境友好型"企业（王红，2008）。

二、问题提出

近些年，众多企业纷纷响应国家政策号召，开展了循环经济、绿色生产等活动，绿色战略作为企业对政府环境规制的积极响应，成为了学者及企业高度关注的领域。因此，绿色生产、绿色营销、绿色管理和绿色企业文化等对应的经营管理行为越来越多地出现在人们的视野。

显然，作为复杂社会系统中的一部分，企业的行为受到来自政府、媒体、公众、行业等多个领域的直接或间接影响，由此所构成的人与人、组织与组织之间的纽带关系是一种客观存在的社会网络结构。任何网络中的行动者之间的关系都会对其行为产生积极或消极的影响（李久鑫等，2002），而通过社会网络关系有效地促进资源型企业形成绿色行为已成为企业绿色发展的又一途径。

企业之间的竞争与获取资源的能力密不可分，这里的资源包括信息、资金、技术、经验思想、人力资源。企业在不完全信息环境下进行博弈，掌握更多资源的一方必然会形成更多的竞争优势，企业家之间或企业管理层之间所建立起来的网络就是其中一种重要的获取资源途径。关系网络可以帮助企业家获取资源并降低交易成本和交易风险以及提高学习能力（邓学军，2009），尤其是在企业创业初期，企业家社会网络就等同于企业的社会网络。近年来，高等院校的MBA、EMBA课程成为了企业家们建立社会网络的一个重要途径。社会网络关系的积累在随后的企业经营过程中具有刺激企业创新、推动企业改革的作用。企业从社会网络中获取的社会资本对其经营能力和经济效益有着直接的促进作用(边燕杰,丘海雄,2000)。因此,许多企业直接将社会网络进行工具性利用,经济行为也因此嵌入在企业社会网络之中。然而,随着制度的完善和市场信息的公开化,这一方面的社会网络作用也将受到影响。

对于调节企业的生产经营行为,尤其是资源型企业的污染行为,常用方法是政府干预与市场机制(杜建国等,2013),然而仍存在环境问题多发现象。政府规制具有强制性,但执行力因人力、物力、财力而受到限制;市场机制较为自由,但也存在着制度不完善、对公共物品的使用具有负外部性的问题。规范和引导此类"污染源"企业需要更多来自社会的力量,尤其是发挥社会组织中的公众、媒体、协会等多方面的利益相关者参与完善制度及监管等活动,从而形成对企业环境行为的社会网络关系,将对长期有效地监督企业污染行为,促进企业主动实施绿色行为起到重要的正向引导作用。

显然,企业行为具有社会嵌入性,社会网络对企业绿色行为具有重要影响,但目前学术界对于社会因素如何影响企业绿色行为还缺少系统研究。基于此,本书试图解决以下问题。

(1)社会网络对企业绿色行为的影响机制是什么?

(2)现实中企业绿色行为决策关键影响因素是什么?绿色行为有什么特征?

(3)社会网络中企业绿色战略如何形成?网络中行动者如何选择绿色行为策略?

(4)社会网络中企业绿色行为如何扩散?

(5)根据社会网络中企业绿色行为的形成与扩散机制和我国企业现实,政府应该如何制定有针对性的促进政策?

第二节 国内外研究述评

资源环境问题是一个世界性问题,企业绿色行为日益得到各界的关注。20世纪80年代以来,西方发达国家开始研究工业企业的环境意识和行为,探讨企业绿色行为的影响因素及作用机制,而我国在这方面的研究和实践目前尚处于起步阶段。下面笔者从五个方面来梳理文献。

一、企业绿色行为的构成

企业受到外部环境压力影响,结合自身条件予以反映从而产生绿色行为决策。周曙东(2011)认为,企业绿色行为包括环境战略(绿色战略)、环境制造(绿色制造)、环境营销(绿色营销)和环境文化(绿色文化)四个方面。环境战略表现为企业协调经济目标、环境目标以及社会目标的管理行为,并处于企业管理体系的战略层面。哈特(Hart)根据资源基础理论提出绿色战略表现为污染防治、产品管理和清洁技术生产三个层面(张台秋等,2012)。绿色制造包括"绿色的"产品设计、材料选取、工艺流程以及包装出品。绿色营销由绿色产品、绿色价格、绿色促销构成。绿色文化表现为企业员工所认同的行为准则和习惯的理念、精神(马驰等,2006)。我国提出的环境新政策就包括了制度创新、科技创新、管理创新和文化创新四个方面(胡美琴等,2009)。

张劲松(2008)认为,企业环境行为包括环境保护投入行为、企业环境管理行为及企业污染行为。广义来说,企业的绿色经营管理行为包括清洁生产、绿色产品研发、推行 ISO14001、环境审核、主动参与社区活动等;狭义而言,它就是指企业生产流程中所涉及的设计、采购、制造、再循环等环节的环境友好型调整措施和手段,涵盖了绿色采购、绿色制造、逆向物流、副产品与废物交换等行为(Klassen,1996)。陈浩(2006)提出环境管理的目的在于企业在发展的同时保护环境,这一过程是系统性的和动态性的,需要企业各部门的配合。韩超(2005)根据国外先进企业的经验提出"5R"原则,用研究(Research)、减消(Reduce)、循环(Recycle)、再开发(Rediscover)、保护(Reserve)来描述绿色管理的内容。杭艳秀(2003)提出企业绿色行为的实施体现为建设绿色企业文化、集约化的资源管理、清洁生产以及绿色营销。相比之下,邱尔卫(2006)的表述则更为具体,他将企业绿色行为划分为绿色设计、绿色技术、绿色制造、绿色包装、绿色市场、绿色消费、绿色营销、绿色会计、绿色审计等,并将这些具体行为归类为绿色管理模式、绿色设计与制造、绿色营销、绿色理财、绿色管理的评价体系五部分。此外,曲英等(2007)通过实证对绿色供应链管理的因素进行了影响力排序,排在最前列的包括环境友好包装、有害材料处置、出口等方面的成本等因素。

除了绿色管理,绿色技术创新也属于企业绿色行为中的一个重要内容。胡美琴和骆守俭(2009)根据目前的相关研究,将环境技术划分为末端治理

(end-of pipe)技术和清洁技术(clean technology)两大类。而作为实体生产企业,技术的"绿色化"是企业进行绿色经营的核心,无论是外界引进还是自主研发,技术在行业中的领先都将成为企业核心竞争力之一。

如前文所述,学术和实体企业界对于企业绿色行为的研究已具有大量可参考的理论及研究方法。对于如何描述和测度该行为已包含了许多前人的成果,大致分为两个视角:一种是通过该行为在企业经营管理各环节的表现形式进行分类测度,另一种是通过对绿色行为产生的效果对该行为进行分类测度。

对于第一种视角,学者有着不同的观点,这些不同表现在对企业经营管理环境的划分存在异议。如卢强等(2000)、吉海涛(2010)认为绿色行为表现为绿色战略、绿色管理、绿色文化三个方面。其中,绿色战略体现在企业的环境政策、责任等方面,绿色管理包括环境制造和营销,绿色文化包括企业内"绿色的"物质文化、制度文化和精神文化。更多的学者从企业生产的角度对绿色行为进行了描述,如杭艳秀(2003)、武春友等(2009)强调了企业绿色行为在产品设计、研发、生产过程中的体现。对于以自然资源为原材料的资源型企业,往往具有高耗能、高污染的特点,因此如何在产品生产中控制污染排放、降低能耗构成了企业绿色行为的重要内容。

对于产生污染较多的工业生产加工企业,桂烈勇(2003)提出企业绿色行为评判指标体系包括"三废"和噪声构成的污染行为指标、企业内部环境管理行为指标、社会角度的企业环境表现指标。这种对企业绿色行为的描述是从污染和企业内外部评价的视角提出的,并据此将企业绿色行为分为五个等级,如表1-2所示。这一分类方法常用于政府环保部门对工业企业绿色行为的考核评价,其中绿色表示企业绿色行为表现优秀,蓝色表示企业遵守环境法规,黄色表示企业能够基本达到环境管理的要求,红色表示企业具有违反环境法律法规的现象,黑色则表示企业存在严重的违法行为。

二、企业自身因素对其绿色行为的影响

研究认为,企业由于规模、财务状况、技术能力、领导者环境意识、区位条件、所有制结构及工业部门类别等内部因素不同,对环境压力的感知和环境行为成本效益是不一样的,从而造成了不同的环境行为和表现。

表 1-2　企业绿色行为的颜色等级分类

环境行为标志色	环境行为等级描述
绿色(很好)	企业达到国家或地方污染物排放标准和环境管理要求,通过 ISO14001 认证或者通过清洁生产审核,模范遵守环境保护法律法规
蓝色(好)	企业达到国家或地方污染物排放标准和环境管理要求,没有环境违法行为
黄色(一般)	企业达到国家或地方污染物排放标准,但超过总量控制指标,或有过其他环境违法行为
红色(差)	企业做了控制污染的努力,但未达到国家或地方污染物排放标准,或者发生过一般或较大环境事件
黑色(很差)	企业排放污染物严重超标或多次超标,对环境造成较为严重的影响,有重要环境违法行为或者发生重大/特别重大环境事件

在研究过程中,学者重点强调了资源能力对企业绿色行为的影响,如学者们认为企业的财务状况(Earnhart et al,2002;Blanco et al,2009)、技术能力(Thomas,2004;Adriano et al,2012)、竞争优势(Bansal et al,2000;胡美琴等,2006;周曙东,2011)直接影响企业绿色行为,大型企业绿色行为优于中小型企业绿色行为(Lepoutre et al,2006;Hussey et al,2007;刘燕娜等,2011),同时强调高层管理的支持、环保意识、价值观对企业绿色行为的正向影响(Diego et al,2010;Giorgos et al,2012;Adriano,2012)。

此外,有学者研究企业区位和性质导致企业绿色行为的差异性。如有学者认为位于工业园区、参与网络的企业比位于混合区的企业绿色行为好;宏观区位条件优越的企业绿色行为比区位条件差的好(Kassinis,2001;潘霖,2011);国有集体所有制企业比合资民营企业的环境行为好(Earnhart,2002;陈江龙等,2006;贺灿飞等,2010;刘燕娜等,2011)。其中有学者解释了企业绿色行为的差异性,认为不同的企业压力不一样,如汽车企业主要的绿色管理驱动因子是全球化带来的市场压力,火电企业主要是规制压力,电子/电器企业则是国际竞争者压力(Zhu et al,2006)。究其本质,企业绿色行为的差异性在很大程度上还是由企业的资源能力的差异所致,如国有企业倾向于被动式的绿色管理,这在很大程度上是受自身经济实力的限制,而外资企业,特别是跨国公司出于企业发展战略的考虑倾向于主动式的绿色管理（徐大伟，2008；叶强生等，2010）。

可见，企业的资源能力是企业绿色行为的重要影响因素，企业资源能力不足是主动性绿色行为的限制因素。这些研究成果是本书研究的基点，但本研究特别注意如下两点：一是企业的资源能力不是固定不变的，而是不断变化的；二是这些内部要素之间并不是孤立的，而是彼此之间相互影响、共同演化的。因此，企业绿色行为形成过程中各影响要素的生成过程及其互动机制，成为当前企业绿色行为形成研究的重要问题。

三、外部环境压力对企业绿色行为的影响

对于外部因素对企业绿色行为的影响，学者们进行了大量的理论和实证研究。研究认为，规制压力、市场压力及公众压力是导致企业更为积极主动的绿色行为的驱动因素（Khanna et al，2002；Thornton et al，2003；Zhu et al，2007）。大多数学者研究发现，政府规制是企业绿色行为的主要驱动因素（Khanna et al，2002；Earnhart，2004；张炳等，2007；Carrill et al，2009；强生等，2010；原毅军等，2010；盛昭瀚，2011），但也有学者研究发现命令-控制型环境法规对环境管理推动影响不显著，自愿的、合作的规范才能促使企业采取主动甚至是"超越服从"的绿色行为（Lopez，2010；César，2010），这也说明在信息不对称的情况下企业绿色行为本质上还是利益的驱动，如何让企业的绿色行为产生良好的经济效益才是绿色行为持续及扩散的根本。

随着整个社会环保意识的提高，企业的绿色行为越来越受到利益相关者的压力影响。有学者研究发现企业绿色行为主要受来自消费者的压力影响（Anton，2004）；也有研究发现社区公众压力是造纸厂企业减少污染的主要动力（Gray et al，2004）；市场、供应链内部的压力推动汽车企业采用绿色供应链管理（Zhu等，2007）；企业与各利益相关者的有效互动才能提升企业的环境绩效（王玮等，2011）。

虽然众多的研究表明，规制压力、市场压力、公众压力、消费者压力、利益相关者压力等外部因素影响企业绿色行为，但也有学者发现不是所有这些因素都会对企业主动的绿色行为产生显著影响。如杨东宁和周长辉（2005）发现公众、行业环境管理专业化程度及自愿贯彻标准企业比例、管理层意识和战略、员工意识和学习能力、组织内部经验和传统这些因素对企业自愿环境管理

有正面作用,而规制及绿色壁垒的正面作用未被证实。Qi 等(2010)分析了建筑业承包商采取绿色行为的驱动因素,研究发现感知到的利益相关者的压力与之无显著关联。Liu 等(2012)发现外部模仿压力对主动的企业绿色管理有显著正向影响,而一般公众和行业协会等规范压力的影响并不显著。

为什么会有这样的差异？除了研究样本的差异外,还有很重要的一点是来自外部压力还是通过内部相关因素作用驱动企业绿色行为。外部压力可以影响企业的环境意识,但内部资源能力条件却直接影响着企业绿色行为,如 Andersson 和 Bateman(2000)发现规制压力、竞争压力、企业环保范例通过企业高层管理的环境管理决策产生作用。武春友和吴荻(2009)基于市场和企业互动关系的视角,构建了企业绿色行为的形成路径模型,实证分析得出市场导向因素与企业绿色行为间并无直接关系,而是通过企业内部因素对企业绿色行为产生影响,更是有力地论证了这一观点。

四、企业内外因素共同作用对企业绿色行为的影响

由前文研究述评可以看出,企业绿色行为内外影响因素之间是存在相关关系的,因此,许多学者也综合研究企业内外部因素共同作用对企业绿色行为的影响。

部分学者综合分析影响企业绿色行为的内外因素,指出外部因素主要包括规制、市场、社会因素、竞争者行为,内部因素主要包括企业组织方式、自身素质、目标、领导体制/技术状况、企业战略定位等(张鳗,2005;张劲松,2008),但没有讨论内外因素的作用机制。

部分学者从动力机制方面探讨了内外因素对企业绿色行为的影响,如王宜虎和陈雯(2007)提出政府、社会、市场给企业施加的外部压力和企业内部追求经济效益及绿色价值的动力共同推进工业绿色化。朱庆华(2008)基于系统观思想,构建了外部动力和内部资源对绿色供应链管理实践影响的概念模型。范阳东和李瑞(2010)构建了企业环境管理自组织动力的理论模型,内部动力包括文化、制度创新、技术创新和环境因素经济动力,外部驱动因素包括政府管制、社区压力、消费者压力等,而竞争与协同是企业绿色管理自组织机制的源动力。

但是,企业绿色行为除了动力机制以外,明显受到制约因素的影响,如 Thornton 和 Kagan(2003)发现日益增长的规制压力、社会压力和环境管理模

式促进了纸浆/造纸企业环境表现的改善,同时也发现经济压力制约了企业的环保投资。因此,研究企业的绿色行为的形成与扩散,必须要高度重视制约因素的影响。

五、资源型企业绿色行为及生态工业网络研究

资源型企业是从事不可再生资源的勘探、挖掘、开采、加工、冶炼和销售的资源制约型企业,具有自然资源依赖度高、对生态环境具有较大的负外部性的特点(田家华等,2009),这些特点决定了资源型企业发展必须要承担更多的资源保护责任、生态责任(吉海涛,2009)。因此,众多学者对资源型企业的绿色行为进行了研究。

大部分学者对资源型企业绿色发展模式进行了研究,认为循环经济发展模式是资源型企业绿色行为的具体表现,指出循环经济与企业高成长的良性互动才能持续(曹振杰,2007),提出推动资源型企业循环经济发展的技术创新、管理创新、产业创新等措施(敖宏等,2009;董明等,2011;等)。部分学者对资源型企业绿色行为形成和演化机制进行了分析,如谢雄标和严良(2008)运用演化博弈理论分析资源型企业绿色行为群体策略的选择和演化路径,认为收益、成本、风险是企业绿色行为演化的重要参数,绿色行为扩散是群体间良性互动的结果;吉海涛(2009)认为资源型企业生态责任的实现需要建立主要利益相关者之间的协同作用机制;孙凌宇和何红渠(2011)认为资源型企业生态产业链的形成本质上是动态演化的,资源型企业的上下游企业在演化过程中将走向合作,下游平行企业则更多地倾向于展开竞争。上述研究都暗含了资源型企业绿色行为的网络特征,强调了网络成员之间的行为协同。

生态工业是企业绿色行为在产业层面的目标,很多学者围绕资源型企业循环经济模式开展了生态工业网络研究。近年来,国内外学者对生态工业网络的特征、构建内容,生态工业网络构建的共生形态、营运模式、构建机制、构建条件等进行了研究(劳爱乐,2003;秦颖,吴春友,2004;王兆华,2005;David et al,2007;郭莉,2009;黄梅等,2011;李春发等,2011;周明等,2011;等等),对生态工业网络在全球范围的实践起到了很好的推动和指导作用。现有研究强调系统内物质流和能量流,但对信息流、知识流研究重视不够;强调园区规划和网络建构,但对微观主体意识和行为转换研究重视不够。

也有学者从社会网络视角来研究资源型企业的绿色行为。李勇进等

(2008)利用社会网络分析的方法对白银市重点资源型工业企业在产品、副产品或废弃物方面的关系展开研究。研究结果表明,白银市资源型企业间联系较为密切,个体间的联系以最终产品联系为主,区内企业对外依存度高,区外企业在企业网络中占据重要地位。该研究有助于我们理解资源型企业的网络特征,但缺乏对社会网络与资源型企业绿色行为之间的互动关系的研究。

综合上述研究可以发现,企业绿色行为的影响机制研究已经取得了一定的成果,这使我们对企业绿色行为的内在机制及多样性有了较为清晰的认识。但现有研究主要集中于企业内部或外部单一因素的影响效应分析和内外因素共同作用下企业绿色行为驱动机制分析,对企业绿色行为影响因素之间的关系还缺少研究,如政府规制与企业管理层绿色意识之间、利益相关者与企业财务状况及技术能力之间是否有关系,这些关系怎样发生作用等问题还不明确。

同时,从综述中可以发现,基于网络视角的企业绿色行为研究正在成为一个新兴的研究方向。企业绿色行为只有通过合作的生态产业网络才能实现(Thomas et al,2004;徐大伟,2008),而现有研究的基本思想为企业绿色行为是企业个体在外部环境因素和内部资源能力条件作用下的策略选择,这显然忽视了企业本身作为一种社会建构受到社会结构力量约束的存在(周小虎,2006)。实际上企业所深深嵌入的内外部关系网络是影响企业行动决策必不可少的关键性资源(郭劲光等,2003)。而工业生态网络研究强调了技术经济子系统的重要性,忽视了社会子系统的作用,忽视了微观主体的自主性和行为演进以及网络中的知识、信息的重要性。

因此,社会网络对资源型企业的绿色行为及区域生态产业网络的形成与演化必然产生深远的影响,但社会网络与影响企业绿色行为的内外因素之间的关系如何,社会网络怎样影响企业的资源能力进而促进企业绿色行为,社会网络中企业如何选择绿色行为策略,社会网络中企业绿色行为如何演进及扩散,这些都是需要深入研究的重要理论问题。

总之,在环境规制日益完善和市场压力不断加大的情况下,企业主动性绿色行为不足,尤其是资源型企业绿色行为与期望相差甚远,现有研究还不能很好地解释其原因。因此,本书以资源型企业绿色行为为研究对象,以社会网络理论、工业生态理论、演化经济学、企业战略理论、组织行为理论为基础,通过文献回顾、问卷调查、深度访谈和案例分析等研究方法,剖析中国关系情景和绿色经济背景下资源型企业绿色行为的形成及扩散机制,对于丰富完善企业绿色管理理论和区域工业生态网络理论具有重要意义。

第三节 研究目标、内容及技术路线

一、研究目标

（1）解析影响资源型企业绿色行为内外要素之间的关系及社会网络与这些因素之间的关系，揭示社会网络对资源型企业绿色行为的作用机制，构建社会网络与资源型企业绿色行为互动关系模型，并进行实证检验。

（2）探索不同社会网络情境下资源型企业绿色行为策略选择、演进路径及扩散机制，为资源型企业如何选择实施绿色战略及转型升级路径提供理论依据，为我国"两型社会"建设和低碳绿色发展提出政策建议。

二、主要研究内容

本书研究的主要内容是社会网络对企业绿色行为是否有影响，社会网络怎样影响企业的绿色行为，社会网络与企业绿色行为共同演化框架下它们如何演进，同时提出企业绿色行为形成和有效扩散的相关建议。研究的具体内容如下。

1. 社会网络与资源型企业绿色行为内在关系理论溯源

社会网络对企业绿色行为是否有影响，这是首先要解决的问题。第一章、第四章主要通过文献梳理，来解析社会网络与企业绿色行为其他影响因素之间的关系，进而分析社会网络对企业绿色行为的基本作用，并运用案例初步论证。

（1）从企业绿色行为的特征、关键影响因素演进及社会网络的功能来分析资源型企业绿色行为社会网络嵌入性的动因和特征。

（2）基于资源基础观分析社会网络对资源型企业绿色行为过程中资源整合的作用。

（3）选择典型案例进行分析，初步验证社会网络对企业绿色行为的作用机制。

2. 构建社会网络、资源获取与资源型企业绿色行为间关系的理论模型

社会网络与资源型企业绿色行为之间有怎样的关系，这是一个核心的理论问题。第三章主要探讨社会网络、资源获取、资源型企业绿色行为之间的关系,包括社会网络对资源型企业绿色行为的作用机制和资源型企业绿色行为怎样反过来影响其社会网络的反馈机制。

(1)通过文献梳理,首先对企业社会网络、资源获取和绿色行为进行维度划分;

(2)分析社会网络与资源获取之间的关系并提出假设;

(3)分析资源获取与资源型企业绿色行为之间的关系并提出假设;

(4)分析资源型企业绿色行为与社会网络之间的反向关系并提出假设;

(5)在前文研究基础上构建社会网络、资源获取与资源型企业绿色行为关系的理论模型。

3. 社会网络、资源获取与资源型企业绿色行为间关系模型的实证检验

第五章运用结构方程方法对第二部分提出的理论模型进行实证检验。

(1)分别构建社会网络、资源获取、资源型企业绿色行为的指标体系;

(2)依据指标体系设计问卷,并向我国资源型制造企业(研究样本)发放问卷,根据资料进行样本分析、结构方程模型估计与评价;

(3)研究社会网络、资源获取和资源型企业绿色行为之间的相互关系与影响程度,验证社会网络、资源获取和资源型企业绿色行为的关系模型。

4. 资源型企业绿色行为的形成机制及行为演进

在资源型企业绿色行为与社会网络共同演化的框架下,资源型企业绿色行为形成的条件及如何演化,是关系资源型企业绿色行为形成及能否持续的理论问题。第六章主要探讨在跨国公司实施绿色战略和生产网络全球化的背景下,在社会网络作用下资源型企业绿色行为形成的条件及在不同情境下的行为演进。

(1)跨国公司绿色战略及产业转移背景下社会网络对资源型企业绿色行为形成的影响;

(2)不同网络情境下资源型企业绿色行为策略的选择;

(3)不同网络情境下资源型企业绿色行为的演进。

5. 关键资源型企业绿色行为的扩散机制及网络演进

在资源型企业绿色行为与社会网络共同演化的框架下,关键资源型企业绿色行为如何扩散及社会网络如何演进,是关系资源型企业绿色行为能否有效扩散的理论问题。第七章、第八章和第九章分主要探讨资源型企业产生绿色行为后的绩效对其自身及整个社会网络的影响。

(1)关键资源型企业绿色行为对外部关系网络的影响；

(2)关键资源型企业绿色行为的扩散机制及环境需求；

(3)关键资源型企业绿色行为社会网络的演进。

6. 促进资源型企业绿色行为形成与扩散的政策建议

第十章主要研究在经济全球化、经济转型背景下,资源型企业向绿色发展模式转型的路径,并提出促进资源型企业加强绿色行为及有效扩散的政策建议。

三、研究技术路线

本研究总体上采用规范的管理学研究方法,即"理论研究＋模型构建＋实证检验"的模式,应用了社会网络理论、资源基础理论、社会资本理论、组织行为理论及工业生态理论、演化经济学,对社会关系网络与企业绿色行为的互动作用机制进行了研究。本研究采用的主要方法包括文献回顾、规范分析、实地调研、专家诊断、案例分析、统计分析(包括描述性分析、探索性因子分析、验证性因子分析、相关分析、回归分析等)和路径分析等。采用的分析软件主要包括 FileMaker Pro,SPSS16.0 和 AMOS16.0。研究技术路线见图 1-1。

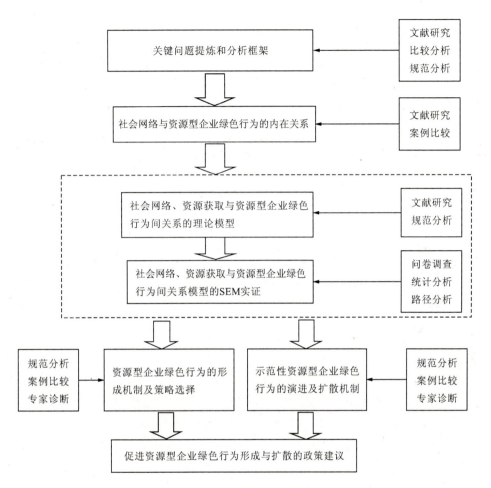

图1-1 研究的技术路线

第二章 基本理论与方法

第一节 社会网络理论与方法

一、社会网络研究历程

李正彪(2005)认为社会关系网络的思想最早发源于对经济与社会关系的研究,而李久鑫、郑绍濂(2002)和谢振东(2007)认为社会网络起源于人类学家对社会关系的研究。人类学家在探讨复杂社会中的人际关系时,发现传统的结构功能理论无法解释实际的人际互动行为(谢振东,2007),因此寻求新的理论,进而社会网络理论得以出现。英国人类学家拉德克利夫·布朗(Alfred Brown)在《论社会结构》一文中首次提出了"社会网"(social networks)的概念,他通过"社会网"理论来解释社会分配和社会支持(李正彪,2005)。Barnes(1954)所提出的"社会网络"一词用以表示一组真实存在的社会关系,主要指非正式关系。20世纪60年代,社会网络在美国主要分支为两个领域(李正彪,2005)。Mitchell(1969)继承了Barnes的观点,并将社会网络定义为某一个群体中的个体间特定的联系关系,并将正式关系也列为社会网络的一种。以林顿·弗里曼(linton Freeman)为代表的学者遵循社会计量学的传统,研究整体网络即一个社会体系中角色关系的综合结构;以马克·格兰诺维特(Mark Granoveter)等为代表人物的结构主义社会学范畴学者沿着人类学家的研究,主要研究个体行为如何受其人际网络的影响,以及如何通过人际网络结合为社会团体。社会网络的另一个研究起源来源于生态学理论,从生物群落必然依存于动态的食物网络而来,此食物网即体现生态系统成员之间的营养级关系的网络结构(张晓爱等,1996)。进入20世纪80年代,社会网络相关理论研究进入活跃阶段,研究领域中涌出了大量的重要理论和观点。到了90年代,这些理论和概念逐渐成为了现今西方主流社会学理论的基石(李正彪,2005)。对于社会网络的定义,从该名词出现之初到现在都尚未统一,而学者根据不同的维度视角分别对其做出了定义。

Mitchell(1969)将社会网络简单定义为"特定的个人之间的一组独特的联系"。然而目前,社会网络的概念已不再是局限于个人之间的联系,而是扩展到了企业、组织、政府、社团等范畴(李久鑫等,2002;郑准,2009)。Laumann等(1975)将社会网络从个体层面放大到组织层面,将社会网络定义为一群节点(nodes)(可以是个人、群体、组织、国家等),通过特定的社会关系(如市场交易关系、友谊关系、组织中上级下属关系、同事关系等)形成联系,这一扩展被大多数学者所接受。而社会网络也因此分为了血缘及姻缘的亲属关系、市场上的买卖交易关系、层级组织下的正式职权及角色关系、非正式友谊、伙伴的社会关系以及其他类型的关系(李久鑫等,2002;郑准,2009;Adler et al,2002)。

20世纪80年代后期,企业生产分包和外购模式产生,逐渐形成了企业之间有别于市场和层级制组织的新型组织形式,即企业间的网络(李正彪,2005)。对于赢利性经济实体的企业之间的联系更是受到多个领域学者的关注,因而社会网络与企业发展的关系成为了研究热点之一。

二、社会网络的分类

黎晓燕和井润田(2007)提出企业社会网络是指某企业与其他企业或组织以信息技术相连接,共享机会、市场、资源、技术,共同承担成本的共同体。李正彪(2005)从内容和形式方面对企业社会关系网络进行了解释,将投资者、员工、消费者、政府、社区等利益相关者视为企业社会关系的主体,并依据企业建立联系的对象将企业社会网络分为企业内部和企业外部两类。

在前人研究的基础上,笔者将企业的社会网络定义为由企业利益相关者所构成的具有相互影响作用的关系网。综合来看,社会网络的构成包含了几个基本要素:社会网络的行动者,即网络节点,既可以是个人也可以是组织;节点组织或个人之间的关系;描述节点关系强弱及性质的联系(谢振东,2007)。根据社会网络的特点和不同维度,学者对社会网络进行了分类研究,如表2-1所示。

表 2-1 社会网络分类

视角维度	分类	代表人物
网络密度	密网(cohesive network)与疏网(expansive network)	郑准(2009)
节点对象	自我中心网络(egocentric network)、成对网络(dyad network)、三角网络(trigonometric network)、完整网络系统(the complete network system)	Knoke 和 Kuklinski (1952)
关系类型	①核心型与分散型；②人际核心型、产品核心型、顾客核心型、地域核心型、活动核心型及网络核心型六大型态	①Robertson 和 Langlois(1995)；②吴思华(2000)
分隔度和集群度	正规网络(regular network)、小世界网络(small-world network)、随机网络(radom network)	林东宏(2005)
稳定性	稳定型网络(stable network)、内部型网络(internal network)、动态型网络(dynamic network)、球型网络(spherical network)	Miles 和 Snow (1992)

三、社会网络的维度

根据对有关社会网络的文献梳理，可知社会网络是由个人或组织之间的关系所构成的网络。对于如何描述这一网络，学者给出了不同的解释。孙宁(2011)在文献研究的基础上梳理了国外学者对社会网络的维度研究，较为全面。谢振东(2007)通过对文献的研究提出企业的社会网络研究可以通过整体网络的结构特性、关系联系的性质、关系联系的内容和网络的动态过程四个方面来描述，即将企业社会网络划分为网络中心性、网络动态性、网络联系强度、网络异质性四个维度。Granovetter(1973)提出的强弱关系理论从互动的频率、感情力量、亲密程度、互惠交换这四个维度测量关系的强弱。郑准(2009)将企业社会网络划分为结构维度、关系维度以及认知维度。学者从不同视角对企业社会网络进行了研究，笔者对文献中梳理出的社会网络维度划分进行了归纳，如表2-2所示。

表 2-2　前人学者对社会网络的维度划分

社会网络维度	准则	代表人物
结构特性	①网络的规模、联系的密度、联系的集中或分散性、次团体分布等；②联系的强弱、密度和中心性；③网络大小、网络密度与网络同构型；④强度、网络的内聚性、网络的尺度和网络周期	①谢振东(2007)；②周小虎(2006)；③蔡勇美和郭文雄(1984)；④郑准(2009)
关系联系性质	强度、持久性与互惠性	①Umberson(1996)；②Granovetter(1973)
关系联系内容	社会支持、紧张的关系	Granovetter(1982)
网络动态过程	网络建构、关系维持与资源动员	Davern(1997)
网络异质性	行业(同行业、非同行业)、地位(规模)、地域(本地、外地、外国)、性质(科研、企业、政府、公共服务机构)	①Aldrich 和 Martinez(2001)；②Burt(1992)
认知维度	共同的经历、共同的语言、共同的立场和观点	Bolino(2002)

第二节　复杂网络理论与方法

一、复杂网络研究历程

瑞士著名数学家 Eular 在 1736 年对"Konigsberg 七桥问题"进行了研究，该研究开创了图论学科。但自此以后的几百年里，图论的研究没有任何进展，直到 1936 年，有关图论的专著第一次出版，标志着图论的研究逐步兴起并开始进入到发展和突破的新时期。

在很长的一段时间内，随机图理论一直被认为是研究网络结构的基本理论，而且有着很好的应用。随机图理论出现在 20 世纪 50 年代末，该理论由匈牙利著名的数学家 Erdös 和 Rényi 所建立。随着随机图理论的不断发展和完善，该理论已经成为数学领域内开创复杂网络的系统性研究。

小世界网络和无标度网络是两种非常重要的复杂网络，这两种网络的发现被誉为是 20 世纪末期关于网络研究的两项开创性成果，具有非常重大的意义。自此以后,现代复杂网络才算是真正进入到快速发展的时期。1998年,Watts及其导师Strogatz在题为《"小世界"网络的群体动力行为》的论文中指出,小世界网络模型是一种介于规则网络和随机网络之间的网络模型,这篇文章在Nature杂志上发表,引起了很大的反响。一年之后,又有一篇关于网络演化和生长的论文——《随机网络中标度的涌现》在Science杂志上发表,文章由Barabasi教授及其博士生Albert完成。这篇文章的主要理论贡献在于发现了网络的无标度性质,提出了无标度网络模型。

继发现小世界网络和无标度网络之后,学者们对复杂网络展开了广泛的研究。据不完全统计,学者们相继发表的有关复杂网络的论文,有40篇以上发表在世界顶级学术期刊Nature和Science上。

复杂社会网络是复杂网络的一种特殊形式,也是复杂网络的重要子方向,已经越来越受到国外研究机构的关注。2007年,剑桥大学出版社出版了由Vega-Redondo所著的《复杂社会网络》。

复杂网络的研究可以归结为以下三个方面的内容:通过实证方法度量网络的拓扑统计性质(Barrat et al,2004;Tieri,2005;徐增勇,2008);构建相应的网络模型来理解这些统计性质何以如此(Zheng et al,2003;Li et al,2006);在已知网络结构特征及其形成规则的基础上,预测网络系统的行为(Newman,2003)。

二、复杂网络的一般特征

现实世界中的网络非常普遍,而复杂网络呈现出高度的复杂性,它是观察世界的新视图,可以用来描述很多现实世界中的复杂系统,不仅是自然界的,还可以是人类社会中的复杂系统。

对于复杂网络的一般特征,众多学者已经开展了研究,现主要参考毕桥、方锦清(2011)的著作总结如下。

第一,网络节点数目很大,通常需要借助于数学工具对大量数据进行统计分析才能揭示复杂网络的整体行为,明确节点及其联系所具有的统计特征。

第二,网络结构复杂且呈现多种不同特征,现实世界中大多数网络结构是介于确定性与随机性之间的混合结构。在复杂网络系统中,存在着大量节点、子系统。因此,复杂网络结构庞大而复杂,其确定性与随机性的混合程度和混合方式更不相同。

第三，网络节点复杂性和多样性。复杂网络上既有同类节点，又有不同类的节点，而这些节点之间的作用形式并不是单一的，具有多种多样、错综复杂的关系。不同的节点，其权重也不同，因此，复杂网络的网络结构以非均匀性的形式呈现。

第四，网络进化使得分叉、混沌等时空复杂性的动态演化特征随着时间和空间变化而呈现，节点状态随时间发生复杂变化而导致出现系统的非线性、非平衡的动力学过程。

第五，网络具有多层次性。网络在不同领域体现不同的层次差异（董微微，2013）。

第六，多重复杂性融合，对统计特征的刻画不断完善。学者们主要用复杂网络的特征量和度量方法来表示拓扑结构特性和功能等（谭利，2010）。

三、复杂网络的表示方法

1. 网络的图描述

图论的语言和符号可以对复杂网络进行精确简洁的描述。在图论中，网络 $G(V,E)$ 定义为由一个点集 $V(G)$ 和一个边集 $E(G)$ 组成的图，且 $E(G)$ 中的每条边 e_{ij}（称为连线）都有 $V(G)$ 的一对点 (i,j)（称为节点或顶点）与之对应。$V(G)$ 和 $E(G)$ 中元素个数分别称为网络的阶和边数。

在网络 $G(V,E)$ 的点集 $V(G)$ 中，可以根据任意的节点对 (i,j) 和 (j,i) 是否对应同一条边，将网络分为无向网络（对应同一条边）和有向网络（不对应同一条边）；根据边集 $E(G)$ 中任意边的长度将网络分为无权网络（$|e_{ij}|=1$）和加权网络（$|e_{ij}|\neq 1$）。加权有向网络、有向网络、加权无向网络和无向网络是四种主要的复杂网络类型（赵正龙，2008）。

2. 网络的矩阵描述

邻接矩阵可以描述各个节点之间的邻接关系，包含了网络的最基本拓扑性质。因此，网络可以用邻接矩阵 $\boldsymbol{A}$ 或者关联矩阵 $\boldsymbol{M}$ 来表示。对于一个 n 阶无向图，其邻接矩阵 $\boldsymbol{A}$ 是一个 $n\times n$ 的对称方阵，定义为邻接矩阵元，具体如下：

$$a_{ij}=\begin{cases}1,\text{若节点}j\text{与节点}i\text{邻接}\\0,\text{若节点}j\text{与节点}i\text{不邻接}\end{cases} \quad (2-1)$$

若 $w(e_{ij})$ 是 $G(V,E)$ 中边 e_{ij} 上定义的非负函数，则称 $w(e_{ij})$ 为边 e_{ij} 的 "权"。因此，对一个加权无向图，其邻接矩阵 A 定义为：

$$w_{ij} = \begin{cases} w_{ij}, & \text{若节点 } j \text{ 与节点 } i \text{ 邻接}, w_{ij} \text{ 为邻接边的权} \\ 0, & \text{若节点 } j \text{ 与节点 } i \text{ 不邻接} \end{cases} \quad (2-2)$$

则 5×5 的邻接矩阵：

$$A = \begin{matrix} & 1 & 2 & 3 & 4 & 5 \\ 1 & 0 & 1 & 0 & 1 & 1 \\ 2 & 1 & 0 & 1 & 0 & 1 \\ 3 & 0 & 1 & 0 & 1 & 1 \\ 4 & 1 & 0 & 1 & 0 & 1 \\ 5 & 1 & 1 & 1 & 1 & 0 \end{matrix} \quad (2-3)$$

对应的网络如图 2-1 所示。

若要描述各个节点和各条边之间的邻接关系，则可以用关联矩阵来表示，定义为关联矩阵元，关联矩阵包含了网络最全面的拓扑性质：

图 2-1 邻接矩阵 A 的网络示意图

$$m_{ij} = \begin{cases} 1, & \text{若节点 } j \text{ 与节点 } i \text{ 连接} \\ 0, & \text{若节点 } j \text{ 与节点 } i \text{ 不连接} \end{cases} \quad (2-4)$$

若网络 $G(V,E)$ 有 p 个节点 q 条边，则由元素 $m_{ij}(i=1,2,\cdots,p; j=1,2,\cdots,q)$ 构成一个 $p \times q$ 矩阵，称为 $G(V,E)$ 的完全关联矩阵，记为 M_0。

则 5×6 的关联矩阵：

$$A = \begin{matrix} & a & b & c & d & e & f \\ 1 & 1 & 0 & 0 & 1 & 0 & 0 \\ 2 & 1 & 1 & 1 & 0 & 0 & 0 \\ 3 & 0 & 1 & 0 & 0 & 1 & 0 \\ 4 & 0 & 0 & 1 & 1 & 1 & 1 \\ 5 & 0 & 0 & 0 & 0 & 0 & 1 \end{matrix} \quad (2-5)$$

对应的网络 $G(V,E)$ 如图 2-2 所示。

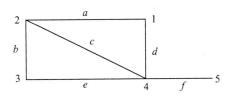

图 2-2 关联矩阵网络示意图

四、复杂网络结构的测度指标

1. 平均路径长度

网络中任意一对节点 i 和 j 均可以通过 m 条边 $(i,k_1),(k_1,k_2),\cdots,(k_{m-1},j)$ 连接起来,这一组边就叫作节点 i 和 j 之间的路径。将两节点 i 和 j 之间经历的边数最少的路径定义为最短路径,其长度记为 d_{ij},网络中任意两个节点之间距离 d_{ij} 的平均值:

$$L = \frac{1}{\frac{1}{2}N(N+1)}\sum_{i>j}d_{ij} \qquad (2-6)$$

称为网络的平均路径长度。其中,N 表示网络的节点数,网络中每个节点到其自身的距离为 $L=0$,但如果网络中存在无路径连接的节点 i 与 j,则节点 i 与 j 之间的最短距离被定义为 ∞,意味着这两个节点之间的距离是无穷大,此时导致 L 发散。

对平均路径长度进行修正(汪小帆等,2012):

$$L = \left(\frac{1}{\frac{1}{2}N(N+1)}\sum_{i>j}d_{ij}^{-1}\right)^{-1} \qquad (2-7)$$

其中,$E = \frac{1}{\frac{1}{2}N(N+1)}\sum_{i>j}d_{ij}^{-1}$ 定量反映了网络中节点之间发送信息的平均效率。一般情况下,两个节点之间发送信息的效率与它们之间距离的倒数成正比,两个节点之间距离越短,它们之间发送信息的效率越高。

2. 聚集系数

在复杂网络的研究中,聚集系数是重要的参数,可以用来衡量网络聚类特性和网络的集团化程度。若节点 i 通过 k 条边与网络中其他 k 个互不相同的

节点相连接,这 k 个节点之间实际存在的边数为 E_i,则节点 i 的聚集系数定义为:

$$C_i = \frac{2E_i}{k(k-1)} \quad (2-8)$$

其几何定义为:

$$C_i = \frac{\text{包含顶点 } i \text{ 的三角形的个数}}{\text{以顶点 } i \text{ 为中心的三点组的个数}} \quad (2-9)$$

对网络中所有节点聚集系数取平均值,则 C 称为网络的聚类系数:

$$C = \frac{1}{N}\sum C_i \quad (2-10)$$

显然,$0 \leqslant C \leqslant 1$,当网络节点数(网络规模)$N \to \infty$ 时,聚集系数为 $O(1)$。当 $C=0$ 时表示网络中不含有边,即所有节点为孤立节点;而当 $C=1$ 时,网络中所有节点的聚集系数都是 1,也就是说网络中的任意两个节点都有边相连,即网络是全连接的,网络中的节点是充分聚集的。

3. 度与度分布

在网络 $G(V, E)$ 中,节点 i 的度 k_i 为节点 i 连接边的总数目,计算公式为:

$$k_i = \sum_{l \in E} a_l^i \quad (2-11)$$

a_l^i 为邻接矩阵的矩阵元,当边 l 包含顶点 i 时取值为 1,否则取值为 0。所有节点 i 的度 k_i 的平均值称为网络的平均度,记为 $\langle k \rangle$ 或 $\bar{k}$,则:

$$k \geqslant \sum_i^N k_i \quad (2-12)$$

在有向网络中,从节点 i 出发指向其他节点的边的数目称为节点 i 的出度(out-degree),而从其他节点出发指向节点 i 的边的数目称为节点 i 的入度(in-degree)。节点 i 的入度与出度的总和是节点 i 的总度。节点 i 的出度、入度、总度计算公式为:

$$k_i^{out} = \sum_{j \in V(i)} a_{ij} \quad (2-13)$$

$$k_i^{in} = \sum_{j \in V(i)} a_{ij} \quad (2-14)$$

$$k_i^{total} = k_i^{in} + k_i^{out} \quad (2-15)$$

其中,j 是 i 的邻接点;$V(i)$ 是 i 的邻接点集合。

网络的度分布函数 $p(k)$ 反映了度的离散程度,表示从网络中随机地选择

一个节点,这个节点的度正好为 k 的概率:

$$p(k) = \frac{n_k}{N} \tag{2-16}$$

其中,n_k 表示网络中度为 k 的节点个数,而 N 表示网络中总节点个数。也可以用累积度分布 $p(k)$ 描述度统计特性:

$$p(k) = \sum_{k'\geqslant k} p(k') \tag{2-17}$$

实际网络的结构存在三种典型的节点度分布形式,包括幂律(power-law)度分布,表现为 $p(k) \sim k^{-a}$;指数(exponential)度分布,表现为 $p(k) \sim e^{-k/\kappa}$;指数截断的幂律度分布,表现为 $p(k) \sim k^{-a} e^{-k/\kappa}$(杨波,2007)。对大量实际网络的研究表明,实际网络的度分布一般遵循幂律形式(田占伟,2012)。

4. 介数

介数包括节点介数和边介数,主要反映出相应的节点或者边在整个网络中的作用和影响力。其中,节点介数指网络中所有最短路径经过该节点的数量比例,边介数则指网络中所有最短路径经过该边的数量比例(董微微,2013)。

介数具有很强的实际意义,一个介数值较高的节点,当它被移除或者分离出去时,一般会削减网络中许多其他节点之间的间接联系(褚建勋,2006)。介数的一个重要特征是其分布特征能够反映出主体、资源和技术之间或者主体之间关系的地位,具有很强的实用价值(董微微,2013)。

5. 度相关性

度相关描述的是网络中不同节点之间的连接关系,若度大的节点倾向于连接度大的节点,则称网络是正相关的;而当度大的节点倾向于和度小的节点连接,则称网络是负相关的。

Newman(2002)通过计算顶点度的 Pearson 相关系数 $r(-1 \leqslant r \leqslant 1)$ 来描述网络的度相关性,其公式为:

$$r = \frac{M^{-1} \sum_{i=1}^{M} j_i k_i - \left[M^{-1} \sum_{i=1}^{M} \frac{1}{2}(j_i + k_i)\right]^2}{M^{-1} \sum_{i=1}^{M} \frac{1}{2}(j_i^2 + k_i^2) - \left[M^{-1} \sum_{i=1}^{M} \frac{1}{2}(j_i + k_i)\right]^2} \tag{2-18}$$

其中,j_i,k_i 分别表示连接第 i 条边的两个顶点 j,k 的度,M 表示网络的总边数。r 的取值范围为 $-1 \leqslant r \leqslant 1$,当 $0 < r \leqslant 1$ 时,网络是正相关的;当 $-1 \leqslant r \leqslant 0$

时，网络是负相关的；当 $r=0$ 时，网络是不相关的。

网络的度相关性具有深刻的社会背景，研究表明，大多数社会网络（IMD 电影演员合作网络、Fortune 1000 公司董事网络、科研合作网络、软件公司竞争网络等）中节点呈现正的度相关性（杨波，2007），而节点度分布与其聚集系数之间却具有负的相关性；大多数的非社会网络（信息网络、技术网络、生物网络）表现出负的度相关性（黄玮强等，2012）。

6. 分层结构

$C(k)$ 表示度为 k 的节点的平均聚集系数，Barabasi（2003）和 Ravasz 等（2002）提出，如果 $C(k)$ 满足表达式：

$$C(k) \sim k^{-\beta_c} \qquad (2-19)$$

则网络中存在分层结构，$-\beta_c > 0$ 称为分层指数。分层结构，也称为分层模块性、簇度相关性。

在具有分层结构的网络中，有很多小规模节点组，它们各自的内部存在密集的边，而这些小规模节点组之间又松散地连接，从而形成更大规模的节点组，进一步地，这些节点组之间又以更为松散的形式连接，形成再大规模的节点组。这种不同规模节点组的自相似的嵌套（nesting）形成了网络的分层结构（杨波，2007）。

7. 社区结构

现实世界中的许多网络是由社区结构组成的，社区内部的节点间高度连接，有着直接的相互作用；社区与社区之间只有少数甚至没有连接，社区与社区或社区与非社区之间有着清晰的边界，这是社区的两个显著特征。在复杂网络研究领域，社区也称作模块。

在社会学文献中往往采用聚类分析的方法来检测网络的社区结构，目前常用的是 GN 算法（Girvna et al, 2002），模块性 Q 定义如下：

$$Q = \sum_i^M e_{ii} - a_i^2 \qquad (2-20)$$

其中，$\sum_i^M e_{ij}$ 指连接社区中 i 的顶点的边数的比例，e_{ii} 指两个端点都在社区 i 中的边的比例。Q 值越大，网络的社区结构越明显。通过最大化 Q 值可以寻找出最合理的社区结构。一般认为 Q 值在 0.03～0.07 之间的网络具有较强的社区结构。

网络的统计特性多而复杂,除了上述这些重要的统计特征量外,还有很多描述复杂网络的统计特征量,由于受篇幅所限,并未完整列出。如加权网络的一些拓扑性质等,具体可参见杨波(2007)、何大韧等(2009)、郭雷和许晓鸣(2006)等的研究。

五、复杂网络模型

1. 规则网络

许多真实世界系统各因素之间的关系可以用一些规则网络表示,如一维链、二维平面上的欧几里德格网等。常见的规则网络包括全局耦合网络、最近邻耦合网络和星形耦合网络。在全局耦合网络(图2-3)中,任意两个节点都有边直接相连,它的平均路径长度和聚集系数都是1。

最近邻耦合网络(图2-4)中,每一个节点只与它周围的邻居节点相连。具有周期边界条件的最近邻耦合网络包含 N 个围成一个环的点,其中每个节点都与它左右各 $K/2$ 个邻居点相连,这里 K 是偶数,最近邻耦合网络中的聚集系数为:

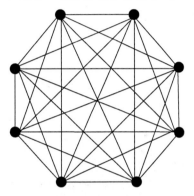

图 2-3　全局耦合网络

$$C_{nc} = \frac{3(K-2)}{4(K-1)} \approx \frac{3}{4} \tag{2-21}$$

平均路径长度为:

$$L_{nc} = \frac{N}{2K} \to \infty \quad (N \to \infty) \tag{2-22}$$

星形耦合网络(图2-5)中有一个中心点,其余的 $N-1$ 个点都与这个中心点相连,而它们彼此之间不相连,星形耦合网络的聚集系数为:

$$C_{star} = \frac{N-1}{N} \to 1 \quad (N \to \infty) \tag{2-23}$$

$$L_{star} = 2 - \frac{2(N-1)}{N(N-1)} \to 2 \quad (N \to \infty) \tag{2-24}$$

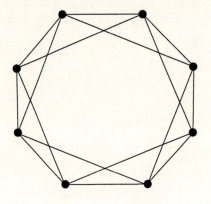
图 2-4 最近邻耦合网络

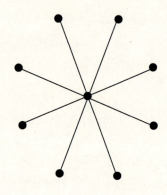
图 2-5 星形耦合网络

2. 随机网络

最早的随机网络模型是由 Erdǒs 和 Rényi 提出的 ER 随机图模型,其定义是:在由 N 个节点,$C_N^2 = N(N-1)/2$ 条边构成的图中,随机连接 M 条边所组成的网络就叫随机网络,记为 $G(N,M)$。由 N 个节点、M 条边构成的网络共有 $C_{N(N-1)/2}^M$ 种,构成一个概率空间,每一个网络出现的概率是相等的,服从均匀分布,网络中两个节点连边的概率为:

$$p = \frac{2M}{N(N-1)} \quad (2-25)$$

二项式模型是另一种与 ER 模型等价的随机网络模型,其定义是:给定网络节点总数 N,假定网络中任意节点对之间有条边连接的概率为 p,形成的网络全体记为 $G(N,p)$,整个网络中边的数目是一个随机变量 X,其期望值为 $\frac{pN(N-1)}{2}$,有 n 条连边的网络数目为 $C_{N(N-1)/2}^n$,其中一个指定网络出现的概率为 $p^n(1-p)^{[N(N-1)/2]-n}$,可以生成的不同网络的总数为 $2^{N(N-1)/2}$,服从二项式分布。

ER 随机图的节点度服从泊松分布,它具有较小的平均路径长度和较小的簇系数。ER 模型提出后,从 20 世纪 50 年代末到 90 年代末的近 40 年里,随机网络常被用以描述真实世界的网络结构,一些数学家通过严格的数学证明,得到了许多近似和精确的结果(Bollobas,2001;Karonski,1982)。但最近几年,由于计算机数据处理和运算能力的飞速发展,科学家们发现 ER 没有高聚集性且度分布也与大多数实际网络不一致,从而引发了新一轮网络模型的构建。

3. 小世界网络

规则网络和随机网络具有一定的局限性,不能再现真实网络的一些重要特征,规则网络的特征是聚集系数高、平均路径长,而随机网络则聚集系数低、平均路径短。大量实证研究表明,真实世界网络尤其是社会网络具有高聚集系数和较短平均路径的特点,具有类似小世界现象,这种网络被称为"小世界网络"。小世界网络可以看作是完全规则网络向完全随机网络的过渡(图2-6)。

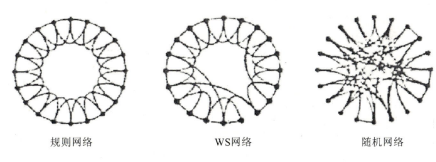

规则网络　　　　　　WS网络　　　　　　随机网络

图2-6　规则网络通过重新连边向随机网络过渡的过程

Watst 和 Strgoatz(1998)引入一个小世界模型,称为 WS 小世界模型,其构造算法如下。①从规则网络开始:给定一个含有 N 个点的最近邻网络,每个节点都与它左右相邻的各 $K/2$ 个节点相连,K 是偶数。②随机重连:以概率 p 随机地重新连接网络中原有的每条边,即将边的一个端点保持不变,另一个端点改取为网络中随机选择的一个节点。其中规定,任意两个不同的节点之间至多只能有一条边(即不能有重边),并且每一个节点不能有边与自身相连(即不能有自环)。

在 WS 网络模型中,当 $p=0$ 时得到的网络就是最近邻规则网络,网络路径长度大、群聚系数高;当 $p=1$ 时则得到随机网络,网络具有较小的路径长度、较低的群聚系数;当 $0<p<1$ 时,随机重连边的期望值是 $pNk(N\to\infty)$,显示位于规则和随机之间的模型。因此,通过对 p 值的调整就可以实现从规则网络到随机网络的过渡。

类似于随机网络,WS 网络的度分布也近似于泊松分布。随着 WS 网络模型的提出,引发了小世界网络的研究热潮。Newman 和 Watts(1999)对 WS 网络模型进行了改进,提出了 NW 小世界网络模型,NW 小世界网络模型是规则网络和随机网络的叠加,避免了网络的不连通性。

其他的模型还包括 Kasturirangan(1999)和 Dorogovtsev(2000)提出的 WS 模型的替代模型,Kleinberg(2000)提出的 WS 网络的一般化模型,等等。

4. BA 无标度网络模型

大量研究表明,许多网络的度可以用幂律形式 $p(k) \propto k^{-\gamma}$ 来描述,其中,幂律指数满足 $2 < \gamma < 3$,这种网络称为无标度网络模型。最早的无标度网络模型是由 Barabási 和 Albert(1999)通过研究 WWW 的动态演化过程发现并提出的,所以称为 BA 模型。

BA 无标度网络模型具有两个重要的特性(刘美玲,2005)。

(1)生长特性:即网络规模(即节点总数与节点间边数)是可以不断增大的,而 WS 网络的节点数并不能增加,因此 BA 无标度网络模型比 WS 小世界网络模型有了重大改进。最典型例子 WWW,上面每天都有大量新的网页产生,这些网络的规模由于新节点的加入而不断增大。

(2)择优连接性:即新加入的节点更倾向于与那些具有较大度的节点相连接,这是一种很自然的现象,例如在 WWW 中,人们在选择将网页连接到何处时,他们往往只选择那些拥有较多连接的网站(如 Yahoo 或 CNN 主页)。这种现象被称为"富者更富"或"马太效应"。

BA 无标度网络模型的构造算法如下(Barabasi,1999)。

(1)初始:具有 n_0 个节点的全连接网络。

(2)增长:每个时间步新增一个节点,并与网络中已经存在的 $m(m \leqslant n_0)$ 个节点进行连接,即增加了 m 条新连线。

(3)择优连接:一个新节点按照择优选择概率:

$$\prod(k_i) = k_i / \sum_j k_j \tag{2-26}$$

其中,k_i 是节点 i 的度,与一个已经存在的节点 i 相连接。

经过时间 t(增加了 t 个节点),无标度网络模型将达到稳定的演化状态,生成具有 $N = t + m$ 个节点、mt 条边的 BA 无标度网络模型,其平均路径长度(褚建勋,2006):

$$L \propto \frac{\log N}{\log \log N} \tag{2-27}$$

聚类系数:

$$C = \frac{m^2 (m+1)^2}{4(m-1)} \left[\ln\left(\frac{m+1}{m}\right) - \frac{1}{m+1} \right] \frac{[\ln(t)]^2}{t} \tag{2-28}$$

度分布函数：

$$p(k) = \frac{2m(m+1)}{k(k+1)(k+2)} \propto 2m^2 k^{-3} \qquad (2-29)$$

BA网络模型的主要贡献在于它考虑了真实网络的演化特征，提出了增长与择优连接两个重要机制，而且BA网络生成的模型具有无标度特征，平均路径短，聚集系数比同等规模的随机网络要高的特点，很好地解释了实际网络的主要统计特征，为演化网络模型的研究打开了一个新的思路。

第三节 企业战略行为理论

一、企业战略行为概念

企业战略行为(firm strategic behaviors)是企业复杂战略的理性选择和企业文化及经营思维的外在体现。从经济学视角而言，企业战略行为大多受限于市场自身不完全或无效(market imperfections)及信息不对称等问题，企业采取一系列市场行动如并购、合资，实现战略联盟和直接投资等以保证企业利益最大化；从企业发展视角而言，企业战略行为主要涵盖了企业经营中方方面面的重要方向性问题，如原材料及市场、技术转移、合作研发、企业间合作，其大多体现的是企业在经营过程中阶段性的差异化战略诉求。国内外学者从经济学、管理学、心理学等多学科及交叉学科的角度切入企业战略行为并开展了大量研究，取得了较为丰硕的成果，其中企业战略行为环境学派、认知观、资源学派较有影响力。

二、企业战略行为环境学派

从科学的学科发展意义上而言，环境学派尚不能称为是一门标准的战略理论分类。事实上，该学派强调了企业或其他组织在其经营发展过程中需要充分考虑其所处的外部及内部环境的限制或帮助，其意为使企业战略在企业能力范围内实现一种完美的平衡。该学派发展中主要存在两个具有代表性的方向，其中之一被称为"权变理论"(contingency theory)，它偏向于探究企业在异质性的环境约束下和面对受限的战略抉择时所表达的战略预期。该理论强调企业应该主动发挥企业创造力，企业能够在一定的环境范围内，对企业环境的变化应对进行相应的干预并产生反作用,保障企业的经营发展处在一个相对安全的地位。另一个被称为"规制理论"(regulation theory),它强调企业需要主动适应环境。该学派认为企业所面对的环境是复杂及难以把控的,因而制订企业战略应充分观察到环境变化产生的风险,熟悉环境变化的特点,这样企业才有机会在变幻莫测的环境中寻找到自身的生存范围,并取得更大的发展。

三、企业战略行为认知观

企业战略行为认知观提出,战略行为者个人的主观认知存在差异,在相似的环境下不同的战略行为会呈现出不同的反应方式。

当前企业选择战略行为的认知模式主要包括心智模式、战略愿景(Van et al,1993)、远景(Fransman,1998)、战略逻辑和主导逻辑(Prahalad et al,1986,1995)。因而,企业采取何种方式的战略行为,需要拥有什么样的资源和能力及如何发挥作用主要取决于对战略愿景、心智模式等要素的认知情况。

企业高管认知信念架构的变化更有可能促使企业进行重大战略行为的调整(Pettigrew,1987;Webb et al,1991;Ginsberg et al,1991)。Mintzberg(1990)指出最成功的战略是愿景而不是计划,管理者要认清真正的愿景与单纯的数字游戏之间的区别。Huff(1990)研究指出,战略逻辑不仅是制订战略的基础,而且还决定管理者对战略的理解和解释等。他指出战略逻辑是外部环境与战略行为之间的相互关系,它决定了是外部环境影响战略行为还是战略行为影响外部环境。Karacapilidis 等(2003)认为,环境变量会影响、保护或破坏心智模式,心智模式会对管理层的环境感知进行过滤,而管理层被心智模式过滤的环境感知必然会触发重大的战略行为。

Gavetti 和 Levinthal(2000)认为管理者认知决定企业探索方向和组织能力的发展轨迹。Tripsas 和 Gavetti(2000)以宝丽来集团为案例,对集团 60 年来的战略进行深度跟踪研究,发现企业主导认知对企业战略的重要影响:主导认知持续的时间越长,被遗忘的可能性越小,主导认知的相对稳定性决定企业成长的稳定性。

当然近期的研究也发现,如果战略领导者能够运用联想思维来发现并说服相关各方接受当前的机遇,那么通常就能取得更好的结果(Gavetti et al,2011)。例如,他们应当学会将自己所在的行业与其他行业进行比较。事实表明,战略创新不仅依靠理性分析,同时也需要直觉和灵感。

四、战略资源学派

战略资源观学派提出,企业战略的主旨是为了发掘并培育企业独特而有竞争力的战略资源,以及最大可能地优化发挥这种战略资源的能力,每个企业或组织都是差异化的资源与能力的组合,这一组合构成了企业经营战略的基础。

在现实的企业竞争中,不同企业的资源与能力是完全不同的,同一个产业中的企业也并非拥有相同的资源和能力。因而,如何运用差异性的企业战略资源和能力是形成企业竞争优势的根源。20世纪80年代,库尔和申德尔分析了多个制药业企业的案例后进一步指出,企业独特的能力是它们经营绩效差异的重要因素。90年代,普拉哈拉德和汉默尔在研究世界上经营杰出公司的发展经验后提出,竞争优势的真正源泉在于管理层将公司范围内的技术和生产技能合并且使各业务能够快速适应变化的能力。

战略管理的核心任务是发挥和配置企业拥有的差异化企业资源并实现其价值的最大化,即形成企业核心竞争力。而核心竞争力的积累与发展所需要的资源依赖于企业持续不断地整合、调整、学习。当企业核心竞争力达到一定程度后,企业能够通过已整合的资源实现自身独特的、难以模仿、替代和占有的战略资源,形成竞争门槛,这样才能获得和保持可持续的竞争优势。所以,企业选择竞争战略必须最大限度地有利于配置和发展企业的战略资源。

第四节 行为扩散理论与模型

一、行为扩散的界定

人类是一种典型的具有独特主体独立性的群体生存动物,这不仅是进化过程选择的结果,也是人类种群的显著特征。人类生存空间的拓展、市场范围的扩大以及信息交流的逐渐频繁,促使社会系统更为开放,导致主体间交流互动的广泛性、多样性、复杂性和动态性大幅度上升。在这种广泛的协作和交流趋势下,认知进化提供了除遗传和内生认知之外的另一种学习途径,即通过互动行为学习,而模仿则是互动行为学习的基本形态。模仿的过程是一个很复杂的系统工程,需要经历学习、研究、消化、与自身实际情况结合这四个阶段,单个主体在互动行为中,首先要学习示范者的行为方式及其内涵的信息条件,然后在模仿过程中根据自己的特点和交换的特点,进行类似的推理和行为创新。

模仿是社会互动的一种形式或过程。塔尔德(1903)在其社会心理学中归纳了模仿的三条定律。一是下降律,即下层群体有模仿上层群体的倾向;二是几何级数律,即在无其他因素干扰的情况下,模仿以几何级数的速度增长;三是先内后外律,模仿者对本土文化及其行为方式的模仿,一般优先于外域文化及其行为方式。

行为扩散是通过行为模仿和认知进化而引发的创新行为。从经济学角度来看,在一种交易活动中,一旦该交易主体的策略能带来更多的收益,交易对方就会模仿。而当该行为在更多交易中被证实有效时,将被更多交易主体模仿(顾自安,2011),从而导致该行为扩散。此外,由于主体间交流沟通,会加速该行为的传播和扩散,直到特定行为模式的形成(这实质上是社会心理学中的一种群体互动关系),从而使整个社会(群体)资源配置问题得以解决。

在群体与互动理论中,社会心理学还关注了从众行为。从众行为是指在强大的群体压力之下,人们采取与群体内大多数成员保持一致的行为,从而导致特定行为的扩散。

对于主体间的行为扩散而言,不仅会取决于特定行为本身的效率和占优特征,而且必然会依赖于该行为在群体内部交换中出现的频率。特定行为扩散的前提是该行为在多数同类交易中占优和有效,从而使得该行为对其他行为主体具有吸引力,其占优频度越高则扩散速度越快。

二、行为扩散模型

1. 传统数学模型

随着行为扩散研究的深化,越来越多的学者开始关注扩散模型的研究,并试图用各种数学模型来解释行为的扩散。扩散研究的目的在于对行为的未来扩散情况进行预测,从而为政府制定相关的调控政策提供决策支持。以下是几个应用广泛的传统数学模型。

(1)Logistic 增长模型。Logistic 方程最早于 1838 年由比利时学者 Verhulst 提出。1920 年该方程被 Pearl 引入人口增长研究，Logistic 方程引起了生态学家的广泛重视，许多学者甚至将它视为生物种群增长的普遍形式。

Logistic 方程的基本形式为：

$$\frac{\mathrm{d}N(t)}{\mathrm{d}t} = rN(t)\left[1 - \frac{N(t)}{K}\right] \qquad (2-30)$$

其中，$N(t)$ 为 t 时刻种群的数量；$r>0$ 是种群的内禀增长率，表示每个个体在没有受到抑制作用时的最大增长率；$K>0$ 称为环境的容纳量，表征了环境能容纳此种群个体的最大数量，当 $N(t)=K$ 时，种群的规模不再增长。

由于资源最多仅能维持 K 个个体，故每个个体平均所需要的资源为总资源的 $\frac{1}{K}$。在 t 时刻 $N(t)$ 个个体共消耗了总资源的 $\frac{N(t)}{K}$，此时剩余资源为 $1-\frac{N(t)}{K}$。Logistic 方程反映的是 t 时刻种群规模的相对增长率 $\frac{\mathrm{d}N(t)}{\mathrm{d}t}$ 与当时

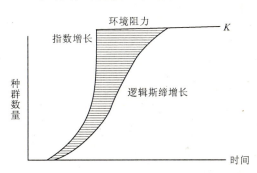

图 2-7　种群增长模型"S"形曲线图

所剩余的资源分量 $1-\frac{N(t)}{K}$ 的关系。Logistic 模型刻画的种群增长规律具有如图 2-7 所示的"S"形曲线的特征。

Logistic 模型由于其形式简单，模型参数意义明确，动态行为清晰明了等特性，在众多领域中得到非常广泛的应用，特别是在生态学和管理学中。以往 Logistic 模型的应用研究虽多集中于新产品、新技术的扩散（Mansfield，1996；Lee et al，2007），但近年来已有不少学者将其应用于研究行为的扩散（杨廷忠，2006；孙昕霙，2008）。

（2）Bass 模型。美国管理心理学家弗兰克·巴斯于 1969 年首次提出 Bass 模型并将它用来预测耐用消费品的销售情况，后来它常被用作市场分析工具，主要对新开发的消费者耐用品的市场购买数量进行描述和预测。

Bass 模型的基本形式为：

$$\frac{\mathrm{d}N(t)}{\mathrm{d}t} = \left(p + q\frac{N(t)}{m}\right)[m - N(t)] \qquad (2-31)$$

也可以分解成：

$$\frac{dN(t)}{dt} = p[m-N(t)] + q\frac{N(t)}{m}[m-N(t)] \quad (2-32)$$

其中，$m>0$ 表示市场最大需求量；$0<p<1$ 表示创新系数；$0<q<1$ 表示模仿系数；$p<q$ 则表示扩散是成功的，否则扩散失败。Bass 模型反映的是 t 时刻新产品采用人数的增长率主要受 $p[m-N(t)]$ 和 $q\frac{N(t)}{m}[m-N(t)]$ 这两部分的共同影响，即新产品的潜在采用者主要受到两种因素的影响——大众媒体等外部影响和口头传播等内部影响。

由于应用非常成功，Bass 模型逐渐拓展到用来对创新技术以及行为的采纳和扩散进行研究，而且出现了很多对 Bass 模型假设条件进行改进和拓展的研究（Ho et al,2002；Krishnan et al,2000；Steffens et al,2002），并形成了庞大的研究流派（Mahajan et al,1990；Chandrase et al,2007）。在行为扩散研究方面，Thun 等（2000）考虑了从众效应和企鹅效应，在修改 Bass 模型的基础上对行为扩散问题进行仿真研究。王日爽（2012）利用 Bass 模型对网购行为扩散进行了预测研究。

（3）SIR 模型与 SIS 模型。国内外学者利用数学建模与定量分析研究传染病流行规律和发展趋势已有多年历史，其中，SIR 模型是基于传染病模型思想的最典型的模型。该模型把总人口分为易感者、感染者和恢复者三类不同性质的子群，分别用 $S(t)$、$I(t)$ 和 $R(t)$ 表示 t 时刻的易感者、感染者和移除者人数，模型中引入两个重要的参数 λ 和 μ，分别代表传播率和恢复率，则传染病的传播规律可以表示为 SIR 模型，具体如下：

$$\begin{cases} \dfrac{dS(t)}{dt} = -\lambda I(t)S(t) \\ \dfrac{dI(t)}{dt} = \lambda I(t)S(t) - \mu I(t) \\ \dfrac{dR(t)}{dt} = \mu I(t) \end{cases} \quad (2-33)$$

其中，$S(t)+I(t)+R(t)=N$，N 为人口总数，若 $N=1$，则 $S(t)$、$I(t)$ 和 $R(t)$ 表示这三类人口所占总人口数的比例。

SIS 模型是另外一种非常重要的传染病模型，其与 SIR 模型最大的不同点在于该模型将人群分为易感者和染病者两类，并假设一个易感者一旦被感染，

即使是康复之后也并不具备免疫力,而成为易感者。SIS 模型适用于研究不具有免疫力的疾病传染,其基本模型为:

$$\begin{cases} \dfrac{\mathrm{d}S(t)}{\mathrm{d}t} = \mu I(t) - \lambda I(t)S(t) \\ \dfrac{\mathrm{d}I(t)}{\mathrm{d}t} = \lambda I(t)S(t) - \mu I(t) \end{cases} \quad (2-34)$$

其中,$S(t)+I(t)=N$,N 为人口总数,若 $N=1$,则 $S(t)$ 和 $I(t)$ 表示这两类人口所占总人口数的比例。

由于行为扩散与疾病传染具有很强的相似性,传染病模型不仅可以分析和控制传染病等疾病问题,还可以用来分析其他许多事物的传播行为。因此,SIR 模型与 SIS 模型被广泛应用于研究创新扩散和行为扩散。如罗桂荣和江涛(2006)基于 SIR 模型研究技术创新扩散;王志杰和贺斌(2013)利用 SIR 传染病模型,研究区域内产业集群的知识扩散问题;胡中功等(1998)利用传染病模型并结合数据实证分析了工业和农业的技术扩散。SIR 模型与 SIS 模型在复杂网络上的扩散研究也有了很大的发展,Moore 和 Newman(2003)最早对小世界网络上的扩散行为进行了较为系统的研究;此后,Pastor - Satorras 等(2002b)根据无标度网络上的 SIS 模型特点,提出"目标免疫";Yan 等(2005)认为不同亲疏关系的个体之间感染疾病的概率并不相同;于秀辉(2011)借助 SIR 模型研究了数字"微内容"的网络扩散。

2. 元胞自动机模型

元胞自动机(Cellular Automata,CA)最初由冯诺依曼用来研究自生长机制(陈忠等,2005),它与传统数学模型最大的不同在于,它并不是严格定义的物理方程或函数,而是由一系列模型构造的规则构成。Wolfram(1983)认为,元胞自动机是自然系统的数学理想化模型,它由离散同质的网络所构成,每个网络具有有限个状态值,在离散的节点上,网络状态值根据确定的演化规则以及邻居网络的值进行转化。离散数学、计算机科学中的自动机理论和图灵论的理论指导,推动了元胞自动机模型的发展。CA 正是基于复杂系统的视角,利用人工智能和计算机科学领域的最新研究成果,在微观层次上构造个体(元胞),微观个体的加总得到宏观结果,是一种自底向上的研究方法。

元胞自动机的设计思想来源于生物学自繁殖现象,它在生物学上的应用自然而广泛。除此之外,它还为系统整体行为与复杂现象的研究提供了一个有效的模型工具,研究经济危机的形成与爆发过程、个人行为的社会性以及流行现象,如服装流行色的形成等。牟扬(2009)通过 CA 模型模拟出证券市场中的投资者投资行为的时间趋势图;应尚军(2001)将元胞自动机的建模理论与方法应用于股票市场的复杂性研究,初步建立了基于元胞自动机的股票市场投资行为演化模型;梁肖肖(2011)建立了投资者情绪传播的元胞自动机模型;梁丽娜(2011)基于元胞自动机的羊群行为模型,在小世界网络中研究了投资者的从众行为。

三、行为扩散模型评述

传统数学模型和元胞自动机模型是研究行为扩散的两种主要方法及手段,传统的数学模型几乎都来源于生物数学。早期的研究者主要利用种群增长或者是疾病传染与创新扩散和行为扩散过程的相似性建立模型,对创新扩散和行为扩散进行描述研究。大量研究在基本模型的基础上衍生,或开发出不同的模型,或弥补基本模型的缺陷,或延展研究的内容,从不同角度对创新或行为扩散、扩散时间和扩散模式等问题进行了深入研究,这些衍生模型放宽了基本模型的一些假设,考虑了更加符合现实的因素,从而提高了模型的解释力和预测力。

随着复杂网络理论的兴起,开始出现复杂网络上的扩散动力学研究模型。传染病模型是目前研究最为彻底、应用最为广泛的行为扩散动力学模型,它通过数学方法求解疾病快速传播的临界阈值有助于理解和控制扩散问题,因此常被用以研究大量与疾病传染相似的各类行为扩散动力学过程,但是这些研究基本上采用的是仿真方法,无法运用实际市场数据做实证研究。

传统数学模型对于行为扩散的研究已经取得了丰硕的成果,但传统的数学模型对行为扩散微观机制很难有深入的理解,也很难解释和验证行为扩散总量模型中各个参数的含义。

元胞自动机主要从微观层面上研究个体间的相互作用,通过控制局部参数的变化观察对宏观结果的影响。作为一种动态模型,对行为扩散的模拟展示出令人满意的动态效果,其灵活性等特征,在很大程度上不仅可以简化研究的过程,而且还可以克服传统数学模型对扩散微观机制难有深入理解的弊端。

尽管如此,元胞自动机模型在行为扩散领域的研究尚处在起步阶段,还远未形成一个有效的理论体系。现有研究大多只是作为数学模型的补充,在建模过程中借鉴数学模型设定状态和规则以及选择参数;其次,在对行为扩散进行研究时,元胞自动机作为微观仿真模型,其参数需要微观层面的行为数据作为支撑,但从目前的研究来看,微观层面的数据难以获得。

第五节 本章小结

基于资源型企业绿色行为形成与扩散机制研究中理论需要,本章分别阐述了社会网络、复杂网络的理论与方法,企业战略行为理论,行为扩散理论与模型等基本内容,具体综述了社会网络的研究历程、分类(网络密度、节点对象、关系类型、稳定性、分隔度和集群度)和维度(结构特性、关系联系性质和内容、网络动态过程、网络异质性、认知维度);复杂网络的研究历程、一般特征、表示方法、测度指标(平均路径长度、聚集系数、度与度分布、介数、度相关性、分层结构和社区结构)和模型结构(规则网络、随机网络、小世界网络和BA无度标网络);企业战略行为概念、行为认知观、行为环境学派和战略资源学派的学术观点;行为扩散的界定,主要模型及评述(主要有 Logistic 增长模型、Bass 模型和元胞自动机模型)。

第三章 社会网络与资源型企业绿色行为关系的理论模型

资源型企业的生存与发展难以独立于产业集群社会网络存在,不仅需要自身具备一定的初始能力和资源,而且需要不断与网络中其他节点交互获取大量其他资源。社会网络往往具有伴生性,从外部同时影响着与资源型企业产生联系的包括社会群体、竞争对手、合作伙伴等众多节点的反馈,同时也从内部嵌入到深层次的企业经营管理中。因而,社会网络在资源型企业的成长中通常发挥巨大的作用。

以往的众多研究表明,触发资源型企业调整战略行为的主要诱因是市场收益驱动,而针对绿色行为这一非营利性的举动,则由企业自身的社会道德感和政府强有力的约束而形成。然而,在复杂的产业集群社会网络中,资源型企业绿色行为如何产生并扩散,抑或社会网络在绿色行为形成中扮演了什么角色却未得到很好的解释。因此在社会网络中,怎样在理论层面探寻资源型企业绿色行为的形成条件、过程与驱动力,企业的内部资源能力如管理者认知,以及来自社会网络结构和资源获取等各种因素如何在社会网络中相互作用显得尤为重要。

第一节 社会网络与资源型企业绿色行为理论溯源

一、社会网络为企业提供行动资源

企业是多种资源的集合,在产业链中同时扮演着供应方和需求方的角色,其生产经营需要来自内部和外部的原材料、技术、人力等多种生产资料,而企业获取生产资源的能力成为了企业获取竞争优势的源泉。

塞内斯(Selznick)于1957年提出了"独特能力"的概念,并认为企业或组织之间表现更好的一方是因为企业所具备的特殊能力。这个观点成为了现代资源基础观的萌芽。随后潘罗斯(Penrose,1959)发展了这一观点,认为企业是"被两个行政管理框架协调并设定边界的资源集合",资源和能力是企业获取自身优势的源泉,而企业管理者的决策即体现于对这些资源的合理配置。20世纪80年代,学者对资源基础理论进一步拓展,沃纳菲尔德(Wernerfelt)撰写的《企业资源基础论》著作明确提出了"资源基础观念",并认为企业是"一组有形与无形的独特的资源的组合而非一组产品—市场组合"(吉海涛,2010)。随后学者们致力于研究企业特殊资源对企业绩效的作用、企业创新成果占有性等话题。而资源依赖理论也指出了企业生存所需的资源不可能完全自给,必须与它所依赖环境中的复杂因素进行互动,甚至交换。

20世纪80年代末,"社会资本"的概念率先出现在社会学领域,法国社会学家布尔迪厄将它定义为"实际或潜在的资源的集合体,是与某一个持久的大家熟悉的、得到公认制度化的关系网络的占有密不可分的"(李正彪,2005),是个体或组织能够从其拥有的关系网络中获取的实际或潜在资源的总量(Lin,2001)。而社会资本的获取不仅取决于自身条件,还要依赖于社会资本来源的个人或组织的认可度。科尔曼(Coleman)认为社会资本是包括社会团体、社会网络和网络摄取三方面的,参与的社会团体数量、所在社会网络的规模、从社会网络中摄取的资源数量与获取社会资本的丰富程度成正向相关(王知津等,2007)。个人或组织需要较长时间进行社会资本的积累,从而获取更多的社会资源,获得新的利润增长点。因此,可将社会资本当作个人或组织为获取利益或建立关系而进行偶然或特意的投资行为的产物(李正彪,2005)。

科尔曼(Coleman,1988)认为社会资本具有生产性、不完全替代性、公共性和不可转让性这四种特征,并表现为义务与期望、社会关系内部的信息网络、规范和有效惩罚权威关系、多功能组织和有意创建的社会组织这五种形式(李正彪,2005),这都证明了社会资本源自于社会网络之中。

林南提出社会资源理论描述那些嵌入于个人社会网络中的社会资源(权力、财富和声望),并不为个人所直接占有,而是通过个人的直接或间接的社会关系来获取。如果行动者的弱关系对象在社会结构中地位比行动者高,那这种弱关系在带来社会资源时将强于其他等级的强关系。同时个体所能获得的社会资源的数量和质量将受到社会网络异质性、网络节点社会地位、个体与网络成员联系紧密度的共同影响。林南同时提出了地位强度假设、弱关系强度假设以及社会资源效应假设作为社会资源理论的三个前提(Lin,1990)。

社会资源理论与社会资本理论的一大区别在于该理论否认了资源必须通过占有才能加以运用的观点。资源既能被个人所占有,也可以通过嵌入社会网络而获取社会资源,企业在发展过程中的生产、营销和管理活动都离不开从社会网络中获取的资源,而只有在社会网络中拥有更多的社会资本,才能够进一步提升市场地位。

二、利益相关者与企业行为的关系

从某一社会网络节点的角度来看,其他与其建立联系的社会网络节点都可以称为该节点的利益相关者。而从现实情况来看,这些利益相关者对个体或组织的行为、观念、资源、能力都具有强影响力。本书所研究的主体主要为与企业经营相关的利益相关者,它大致包括了企业与企业关系网络、企业与政府间关系网络、企业的社会关系网络中的有关组织和个体(李敏,2004)。通过与这些利益相关者之间的行为互动既而建立起了复杂而有利的社会网络体系。

美国学者杜德(Dodd,1932)所提出的"企业是包括股东、员工、消费者及社区等利益主体的代表"是利益相关者理论的早期萌芽(吉海涛,2010)。1963年斯坦福研究院明确提出"利益相关者"的概念(贾生华等,2002),并强调若没有他们的支持,企业将无法生存。随后Ansoff(1965)认为企业决策需要考虑到利益相关者。美国经济学家弗里曼(Freeman,1984)认为利益相关者与企业目标的实现存在双向影响关系,并将政府、社区、自然环境都列入利益相关者,这一观点受到了众多学者的赞同。

企业不再单纯作为对股东利益负责的组织,而应对更广泛的群体负责,因此,这一理论明确了企业社会责任,并在一定程度上表现出了企业经营观念的进步。企业的行为应对社会各方负有经济责任、法律责任、环境责任以及道德风险责任(吉海涛,2010)。学者根据利益相关者的特点以及与企业之间建立的关系对利益相关者进行了不同角度的分类研究。具体分类如表3-1所示。

根据表3-1可以发现,学者对于企业利益相关者的分类虽有角度不同,但都包含了企业内部的投资者、股东、员工、管理者,与企业有交易关系的供应商、消费者、分销商,以及其他对企业起到监管和共同发展作用的政府组织、社区、协会团体等。

表 3-1 利益相关者的分类研究

分类角度	分类	代表学者
所有权、经济依赖性、社会利益	①拥有企业所有权的利益相关者:经理人、董事和所有其他持有企业股票者;②与企业在经济上有依赖关系的利益相关者:主要有经理人、员工、消费者、供应商、债权人、竞争者、地方社区、管理机构等;③与企业在社会利益上有关系的利益相关者:主要有政府管理者、特殊群体和媒体等	Freeman (1984)
群体与企业是否存在交易性的合同关系	①契约型利益相关者:股东、员工、顾客、分销商、供应商、贷款人;②公众型利益相关者:全体消费者、监管者、政府部门、压力集团、媒体、当地社区	Charkham (1992)
是否与企业发生市场关系	①直接利益相关者:股东、企业员工、供应商、债权人、消费者、零售商、竞争者等;②间接利益相关者:中央政府、地方政府、外国政府、社会活动团体、一般公众、媒体、其他团体等	Frederick (1988)
利益相关者与企业联系的紧密性	①首要利益相关者:股东、员工、顾客、投资者、供应商等;②次要利益相关者:媒体、环境主义者、学者和众多特定利益集团	Clarkson (1994)
利益相关者在企业经营活动中承担的风险种类	①自愿的利益相关者;②非自愿的利益相关者	Clarkson (1994,1995)
社会性维度	①首要的社会性利益相关者;②次要的社会性利益相关者;③首要的非社会性利益相关者;④次要的非社会性利益相关者	Wheeler (1998)
合理性、权利性、紧急性	①确定型利益相关者:股东、员工和顾客;②预期型利益相关者:投资者、员工和政府部门;③潜在型利益相关者:其他	Mitchell 和 Wood(1997)
企业利益相关者合作性和威胁性	①支持型的利益相关者;②边缘型利益相关者;③不支持型利益相关者;④混合型利益相关者	万建华(1998);李心合(2001)
米切尔评分法实证研究	①关键利益相关者:管理者、员工、股东;②蛰伏的利益相关者:消费者、供应商、债权人、分销商和政府;③边缘利益相关者:特殊团体、社区	陈宏辉 (2003)

周曙东(2011)对资源型企业利益相关者构成进行了实证分析,通过调查问卷,根据所控制的资源对企业的重要性程度,将资源型企业的利益相关者的重要性由大到小排序为:自然环境、政府、员工、投资者、管理者、债权人、消费者、社区、经销商、供应商。他将排在前三的利益相关者界定为关键利益相关者,将投资者、管理者、债权人定义为重要利益相关者,将其他几项定义为一般利益相关者。

企业经营管理过程伴随着企业利益相关者的行动,从而对企业行为产生了多方面不同程度的影响。企业行为的最终产生是在目标建立的基础上受到多方影响的结果,甚至目标的建立都受到了利益相关者的影响。因而,研究企业行为的形成需从利益相关者的影响入手。

三、社会网络结构与企业行为的关系

罗纳德·伯特(Burt,1992)认为在各种网络结构中,行为者之间未必都会建立起相互联系,即使建立了联系也未必具有组织效率性,因而行为者会利用这种存在于群体之间的联系间隔点通过交互关系和交易过程获取更好的地位。这一"不完整"结构即被称为"结构洞"(谢振东,2007)。因此,社会网络可以被分为无洞结构和存在结构洞两种类型,分别表示网络中每一个节点相互之间都具有联系,网络中某些节点间无直接联系,必须通过其他节点获取间接联系或无法建立联系(Burt,1992)。

拥有结构洞的网络节点具有了掌握网络中行为者的影响力,罗纳德·伯特(Burt,1992)指出其中包含了信息利益和控制利益。结构洞理论进一步拓展了社会网络的研究,从单节点研究逐渐转变为整体网络对个体的影响(谢振东,2007)。

格兰诺维特(Granovetter)提出个体、组织相互交流接触间的联系有强弱之分,在网络节点互动间发挥着不同的作用,并提出了通过互动的频率、感情力量、亲密程度、互惠交换四个维度来判断关系的强弱性(李正彪,2005)。此外,格兰诺维特还认为强关系的建立是在网络节点行为者自身属性相似的个体间发展的,因为这些个体或群体具有相同的事物经历,并具有许多共同的交集。而弱关系则主要出现于社会特征不同的个体之间,因此弱关系的分布范围较广,可能跨越了多个社会网络或同一社会网络中的多个层次。而弱关系所获得的信息也较强关系更多更广,因此带来的对网络结构行为者的改变可

能性也是大于强关系的。林南结合"弱关系力量假设",认为在分层的社会结构中,网络异质性、成员地位以及成员之间的关系强弱决定了获取社会资源的数量和质量(Lin,1990)。

社会网络作为企业外部驱动力对企业行为产生影响(周曙东,2011)。网络节点会对其他节点产生不同的积极或消极的影响,社会网络成为了节点之间的桥梁。节点通过社会网络获取和调动稀缺资源,并用信息传递情况来表现网络节点关系的维系情况(李久鑫,2002)。企业在完全自由和竞争市场环境中彼此联系,互相影响(郭劲光等,2003)。企业的战略行为是企业间关系和其他关系的反应函数(郑准,2009),其行为效果是社会网络中节点相互作用博弈的均衡收益(周小虎,2006),企业的决策行为必须考虑到其所嵌入的社会网络赋予的机会和约束(郑准,2009)。卡尔·波兰尼(Karl Polanyi)在《伟大的转折》中首次提出了"嵌入性"(embedded-ness)的概念,成为了新经济社会学研究的核心概念之一(李久鑫,2002)。格兰诺维特进一步对"嵌入性"做了解释,认为社会网络的研究不应仅局限于交易成本,应更注重节点之间的社会性、情感性。复杂的经济交易必须从嵌入的社会网络中考虑(Granovetter,1985)。与弱关系理论相比,嵌入性概念中体现了强关系的特点,因为嵌入性理论的网络机制是信任,这需要通过长期建立的关系来获得并巩固,而这种关系往往表现为强关系(李正彪,2005)。嵌入性的研究已被广泛应用于多个学科领域中(郑准,2009)。

社会网络作为总体存在,具有信息获取、互惠合作、结构性支持、资源获取这四大功能(孙大鹏等,2010),而因社会网络结构特点,存在于其网络内部的企业所获得的资源或受到的影响都会不同,因此,研究企业行为形成也需要分析企业所在的社会网络的诸多特征和性质。

四、文献简要评价

通过以上文献梳理可知,社会网络的研究维度和测度指标也被广泛利用于各领域的实证研究,并得到了许多重要的研究结论。在经济管理学科领域中,社会网络理论多用于研究组织知识学习或产业集群发展等。邓学军(2009)以通过实证分析研究了企业家社会网络对企业绩效的影响,郑准(2009)研究了关系网络与企业国际化之间的关系,谢振东(2007)研究了产业集群背景下企业社会网络与创业绩效的关系,这些研究都将社会网络作为变量进行了深入的研究并通过实证分析得出了相应结论,这对本书的研究具有相当重要的参考和指导价值。

而从理论文献中发现,社会网络中的结构、节点个人或组织(即企业利益相关者)以及社会网络所提供的资源都对企业行为具有影响作用。社会网络理论中的多个视角和理论分支都与企业行为之间建立起了联系,可以作为企业行为形成机制的有力解释,尤其是对于具有强外部性的企业绿色行为,更蕴含了与社会网络之间的紧密关系。而前人对二者关系的具体作用机制和影响程度、影响内容方面的研究尚处空白。从社会网络角度出发,对企业行为如何形成的研究具有极大的空间,也具有促进企业绿色发展的实践指导意义,本书的研究价值正体现于此。

此外,目前有关企业绿色行为的影响因素、驱动力以及驱动来源的研究较为详细,角度也十分丰富,指标测度等实证方面的基础也已有可借鉴的内容,但针对于具体类型企业的行为却未涉及。由于产品类型及经营内容的不同,企业在生产管理过程中具有不同的行为表现,因而对其绿色行为的研究也应具有行业特点。本书即基于已有的绿色行为理论,着重对污染行为较为突出的资源型行业的生产管理环节进行深入研究。

第二节 社会网络与企业绿色行为关系模型构建及研究假设

一、社会网络对企业管理者认知的影响

社会网络理论出现于 20 世纪五六十年代,主要用于社会学问题研究。社会网络最初被定义为"特定的个人之间的一组独特的联系"。Laumann 等(1978)将社会网络从个体层面放大到组织层面,这一扩展被大多数学者所接受。1979 年社会网络理论被引入管理学情境中。自 20 世纪 90 年代以来,社会网络理论广泛用于企业行为研究和战略研究。目前,企业社会网络及维度划分尚未统一,本书将企业社会网络定义为由企业利益相关者所构成的具有相互影响作用的关系网,并将企业社会网络划分为结构和关系两个维度,其中,企业社会网络结构细分为网络规模、网络中心度和网络异质性,企业社会网络关系细分为关系强度、互惠性和关系稳定性。

管理者认知指高层管理者在长期经营活动中所形成的认知模式,是根据以往的经验而形成的对特定事物相当稳定的看法和理解。根据社会认知理论,企业管理者认知与他所处情境密不可分。企业管理者对经营环境的认知除了个人因素、产业环境因素影响外,还受到社会网络的影响。企业社会网络是由各类利益相关者构成,利益相关者的环境诉求能使管理者对环境问题有更好的认知,如政府环境规制及监管给企业形成制度压力,竞争者的绿色活动、消费者和社区居民的绿色诉求、供应链企业的绿色形象诉求,也使企业感知到市场压力,这些都会增强企业对绿色发展意义的认识。企业社会网络还能使企业了解它应承担的社会责任,而且能够对企业社会责任战略选择产生影响。同样,企业通过社会网络中跟利益相关者的交往及信息获取,能判断与各利益主体行为反应及行为协同的可能性。事实上,企业在与社会网络利益相关者的联系中形成环境认知,这个认知过程也是企业环境意识形成的过程。

可见,来自于企业社会网络的相关信息对于企业注意、感知、理解企业绿色发展的重要性和必要性具有重要作用。而且,企业社会网络规模越大、中心度越高、异质性越强,则企业可以获得的信息更全面、更有效;关系越密切、互惠性和稳定性越好,则企业可以获得的信息更为真实,从而使企业能更好地感知资源环境形势与压力,能对企业环境行为效果和相关方合作有更好的判断。因此,提出如下假设。

H1:企业社会网络结构对企业管理者认知存在显著的正面影响。
H2:企业社会网络关系对企业管理者认知存在显著的正面影响。

二、社会网络对企业资源获取的影响

资源和能力是企业获取自身优势的源泉。Selznick 于 1957 年提出了"独特能力"的概念,并认为企业表现好是因为其所具备的特殊能力,此观点成为了现代资源基础观的萌芽。随后 Penrose 于 1959 年发展了这一观点,认为企业是"被两个行政管理框架协调并设定边界的资源集合",而企业管理者决策即体现于对这些资源的合理配置。20 世纪 80 年代,学者对资源基础理论进一步拓展,Wernerfelt 的《企业资源基础论》著作明确提出了"资源基础观念",并认为企业是"一组有形与无形的独特的资源组合"。同时期,出现了"社会资本"概念,社会资源理论认为任何组织都不能完全实现自给自足,需要通过互动获取或交换资源(吉海涛,2009)。

人际网络、组织网络是企业的重要核心资源(罗志恒等,2009)。企业社会网络包含了产业链上游、下游、竞争企业、科研、金融机构及其他相关机构,并存在着研发、生产、管理等多类型资源或信息的互动关系,企业可以通过社会网络传递传导调动稀缺资源作用到每个网络节点。社会网络节点通过频繁的互动和建立信任达到相互依赖的合作关系,尤其是在分摊庞大数额研发费用,应对市场激烈竞争方面的合作(谢振东,2007)。社会网络是企业合作的网络,为企业间合作提供了信任关系,进而会因相互信任及互惠条件,以降低交易成本、效益最大化为目的产生合作意向,或通过交流沟通相互模仿学习,并为合作者创造更大价值。社会网络间的联系频繁并长久,会增进彼此间的信任,从而形成强联系,会为合作提供稳定性保障(符正平等,2008)。

企业除了能直接从与利益相关者的联系中获得经营资源之外,社会网络还具有知识传播的功能,将一些隐性知识(如营销和管理等经验)在网络中扩散从而形成企业的知识积累,最终转化为企业经营管理的智力资本,影响企业的竞争力(谢振东,2007)。有实证研究表明网络中心度、联结强度与显性知识和隐性知识资源获取正相关(窦红宾等,2012),并且网络关系的强度越强,企业则更容易将社会网络资源内化(符正平等,2008)。

企业获取资源的主要来源是企业社会网络,尤其在中国,通过政府机构、企业家关系网获取资源更是企业获取资源的重要途径(孙大鹏等,2010),而且,企业社会网络规模越大、中心度越高、异质性越强,则企业获取的外部资源越多(Wu,2007);关系越密切、互惠性和稳定性越好,则企业与网络成员合作程度高而越容易获得外部资源,因此,提出如下假设:

H3:企业社会网络结构对企业资源获取存在显著的正面影响。

H4:企业社会网络关系对企业资源获取存在显著的正面影响。

三、管理者认知对企业绿色行为的影响

美国学者 Westbrook(1991)认为个体行为产生存在着"认知—情感—行为"的过程,认知是行为的先行变量。企业对外界环境不是简单的刺激—反应行为过程,源于个体行为的认知—行为模型逐渐运用到组织行为研究中(Kanawattanachau,2001)。企业管理者认知是指企业高层管理者对资源环境形势感知以及对自身承担社会责任的心理体验,决定企业环境意识的强弱,进而影响企业绿色行为(Zhang et al,2013)。企业绿色行为目前尚未有统一的定义,

如欧盟委员会(2002)认为企业绿色行为是企业主动的自愿承诺为促进社会和环境目标而采取的行动;Klasssen(1996)及 Sarkar(2008)认为,企业绿色行为是在政府、公众、市场等方面的外界环境压力下,采取的较为积极的有关环境保护的企业战略、制度、具体生产管理的措施总称。本书基于现有研究将企业绿色行为定义为企业为保护环境而在企业内所实施的包括清洁生产、节能减排、提高资源利用率等相关的管理和技术创新行为,划分为常规绿色管理行为和绿色技术创新行为两个维度。

企业管理者认知对企业绿色管理行为有影响。当企业管理者能准确感知到资源环境问题的严重性、危害性和紧迫性,感知政府的环境规制、社会公众及消费者对企业环境责任要求,对自身绿色行为的经济效果及给企业带来的长远竞争优势有较为准确的判断,对利益相关者在环境保护方面的合作有良好的预期,才有可能把环保问题提到议事日程,才会分析资源环境问题给企业带来的机遇或威胁,进而作出积极反应。

企业管理者认知对企业绿色技术创新行为也有重要影响。绿色技术创新相对于常规绿色管理而言,投入大、风险高,企业对绿色技术创新决策是有限理性的,在理性决策基础上,信息能力、行为效应、风险认知、风险态度、社会关联和社会责任感等行为变量都影响着决策者的选择。在绿色技术创新战略过程中,管理者对外部绿色压力的辨识及认知成为战略选择实施的首要步骤(蒋思雨,2015)。

可见,企业管理者认知影响企业绿色战略主动性,进而影响企业绿色行为方式的选择(Aragón-Corren,1998),企业管理者良好的环境认知有助于强化企业环境意识,进而推动企业绿色管理体系的构建与运行及绿色技术的创新。因此,提出如下假设。

H5:企业管理者认知对企业常规绿色管理行为存在显著的正面影响。

H6:企业管理者认知对企业绿色技术创新行为存在显著的正面影响。

四、资源获取对企业绿色行为的影响

企业绿色行为是企业经营管理行为中的一部分,实施该行为同实施其他生产、管理行为一样,需要各种投入。可见,资源获取能力是企业绿色行为的前提条件。实证研究发现,企业政治关系和冗余资源正向调节外部环境对企业履行社会责任的影响(贾兴平等,2014),也表明外部资源获取能力影响着企业绿色行为。

企业实施绿色管理,一般从行业调研和交流着手,学习其他企业的管理经验。此外,也往往与相关咨询机构合作,构建符合国家和行业标准的环境管理体系。绿色技术创新除投入大、风险高外,难度也大,更加需要信息、科技、经验等外部资源的支持。

可见,资源获取对企业绿色行为有深远影响,不仅影响着企业常规绿色管理行为选择及表现,更是影响着企业绿色技术创新行为。因此,提出如下假设。

H7:企业资源获取对企业常规绿色管理行为存在显著的正面影响。

H8:企业资源获取对企业绿色技术创新行为存在显著的正面影响。

基于以上分析,本书构建如图3-1所示的理论模型,其中,企业社会网络作为自变量,通过管理者认知和资源获取两个中介变量对企业绿色行为产生影响。

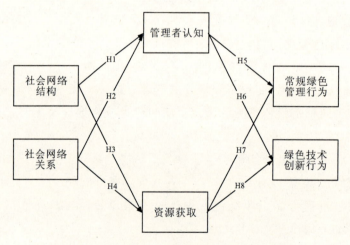

图 3-1　社会网络与企业绿色行为关系模型

第三节　本章小结

本章主要探讨了社会网络与资源型企业绿色行为理论关系与框架,展开了两者关系的理论溯源,剖析了资源型企业绿色行为形成的机制与过程,探索了社会网络在企业绿色行为中多种途径的中介作用,并围绕社会网络结构、关系对于企业资源获取,企业管理者认知、资源获取对于资源型企业绿色行为是否存在显著性关系提出了研究问题。

首先,本章梳理了嵌入企业资源观、利益相关者的社会网络与资源型企业绿色行为的理论关系,结合社会网络结构解构了资源型企业围绕着社会网络中的利益节点,通过强、弱等多种类型的社会关系捕获企业生存和发展所需的基础资源,企业绿色行为在此网络中受到巨大影响。其次,基于内外部主要因素的考虑,从企业绿色行为的两类根源即利益驱动和规制约束分析了资源型企业采纳绿色行为的战略动机,并从资源产业集群社会网络中发现了企业因在获取资源过程中的竞争合作而产生的绿色行为学习及模仿,进而在整个网络中产生了行为扩散。最后,本章依据已分析的社会网络、企业管理者认知和企业资源获取三个维度,围绕两两之间的关系,从四个方面提出了资源型企业绿色行为形成机制的研究假设。

第四章　社会网络与资源型企业绿色行为关系模型的多案例实证检验

本章主要从多案例分解的视角探索社会网络如何影响资源型企业绿色行为的形成这一问题,即提出了"如何""怎么样"的问题。从现实情境而言,资源型企业行为的形成是一个时间过程,而并非某一特定时间的截面描述。为更全面真实地反映企业绿色行为形成过程,本章大量使用了企业员工访谈资料、企业年报年鉴、行业发展报告等质性资料,因为案例研究的方法更能科学地阐释这一过程。而为了使研究过程和结论更具可靠性,本章试图结合单案例内部独立分析与多案例间的交叉分析的方法,研究案例企业社会网络及绿色行为形成的共性和差异,以达到相互验证和补充的效果,更好地佐证本书的研究结论。因此,本章采用多案例研究方法,对前文在理论推演基础上提出的假设及概念模型进行验证。

第一节　研究方法

一、研究方法的选择

案例研究(case study)是实证研究方法之一,是一种全面的综合性研究思路(苏敬勤等,2011)。此方法引入我国30多年来被学者广泛应用于管理学、社会学、经济学、哲学等领域(陈刚,2012),并被认为是一种较为适合对具有中国特色管理理论进行总结提炼的方法(苏敬勤等,2011)。案例研究方法的特点表现于在现实情境中研究现象(陈春花等,2010),这种研究方法对研究对象的行为是不可控的,表现为通过观察和分析得出想要的结论。

从研究模式来看,陈刚(2012)将案例分析方法分为描述性、解释性(因果性)、探索性和评价性四类,苏敬勤和李召敏(2011)将它分为验证性、探索性和描述性三类;从案例数量来看有单案例研究(single-case study)和多案例研究(multiple-case study)之分。在选取多个案例进行研究时就涉及了案例内分析(within-case analysis)和交叉案例分析(cross-case analysis)。前者是以一个案例为对象进行内部分析,后者则是在前者的基础上进行案例间的对比、归纳和统一(刘丽华等,2005)。

二、研究对象的选择

我国虽幅员辽阔,资源丰富,但却表现出贫矿多、富矿少,且开采难度大的特点。近几年,国家陆续建立起了控制我国部分优势矿种开采量的相应制度,通过矿产资源规划实现分区管理,加大矿区的整合力度实现规模化发展,并将开采回收率、采矿贫化率、选矿回收率加入了矿山年检内容。资源型企业也不断加强企业内部管理力度,进一步推进不可再生资源的节约利用和污染排放量的降低。近年来,资源型企业"高能耗、高污染、低利用率"的粗放式开采生产在国家政策和企业战略的共同影响下已有了一定改善,矿产资源的综合利用也有了初步成效(表4-1)。

表4-1 矿产资源综合利用情况

矿产资源类型	回采率/回收率/%	备注
煤炭	80	大中型开采矿区
金属	85	露天开采矿区
金属	80	地下开采矿区
有色金属	80	选矿回收
铁矿	85	选矿回收
磷、硫	60	综合利用
钒	50	综合利用
黄金	22	综合利用
稀有金属	50	综合利用

数据来源:2011年国土资源部《矿产资源节约与综合利用"十二五"规划》。

矿产资源的综合利用情况得以改善离不开资源型企业绿色经营管理和不断加大的技术创新力度。为进一步科学设定研究适用范围及合理选取案例企业，本书利用问卷调查的方法了解了资源型企业绿色行为实施现状。问卷调查是通过电子邮件方式发放，由于联系企业困难，发放150份，仅回收83份，其中，有效问卷75份，调查对象企业主要分布于西部矿产资源丰富的地区。具体企业特征分布如表4-2所示。

表4-2 问卷调查企业特征分布情况

企业特征		数量/家	百分比/%	累计百分比/%
地理位置	西部（新疆、甘肃、四川、青海、宁夏、广西）	39	52	52
	中部（河南、湖北、内蒙、山西、江西）	24	32	84
	东部（浙江、上海、河北、天津、辽宁、福建）	12	16	100
企业类型	民营	29	38.67	38.67
	国有	22	29.33	68.00
	股份制上市公司	17	22.67	90.67
	集体全资	4	5.33	96.00
	外商投资	3	4	100
企业规模	大型	42	56	56
	中型	18	24	80
	小型	15	20	100
所在行业	煤炭开采和洗选业	20	26.67	26.67
	金属冶炼及压延加工业	15	20	46.67
	金属矿采选业	12	16	62.67
	石油和天然气开采业	8	10.67	73.34
	化学原料及化学制品制造业	7	9.33	82.67
	非金属采选业	5	6.67	89.34
	石油加工及炼焦业	4	5.33	94.67
	电力、热力的生产和供应业	2	2.67	97.34
	其他采矿业	1	1.33	98.67
	水的生产和供应业	1	1.33	100

问卷调查结果显示,76%的企业将环境保护纳入了企业战略目标体系,这其中大中型企业占比高达92.98%,国有企业和上市企业占比89.47%,由此可以看出实力雄厚、管理更加系统和严格的企业对环境保护更加重视,能够从战略层面上实践绿色管理。

在企业组织架构方面,资源型企业的主营业务为原矿开采及初加工,因此多将环境保护与矿山安全合并管理。57.33%的被调查企业设有专门分管环境工作的部门或机构,且41.33%的企业中环保部门的地位较高。77.33%的企业具有专门的企业环境保护制度,超过一半的被调查企业定期开展员工的环境意识、环境管理技能的培训,而且员工参与率高。

在被调查的企业中,86.66%的企业在产品设计源头就考虑了节能降耗和循环利用等问题,77.33%的企业在选择生产材料时优先考虑可再生、易回收的材料,约80%的企业采用消耗低、污染轻、预防式的环境友好生产工艺,并建立了物料、废物循环系统对生产过程中所产生的排放物进行回收处理和再利用。

在所调查的企业中,50.67%的企业认为所投入使用的绿色技术为企业带来了可观的效益。但因研发工作所需的技术人员、资金及场地要求高、投入大,只有30%左右的大型企业体现出较强的研发实力,约30.66%的企业绿色技术研发经费占R&D经费比重较大,仅有25.33%的企业在同行业中有较多的自主研发绿色技术。

基于本书的研究目的,将研究对象锁定为具有高污染、高排放、高耗能特征且已经形成绿色行为的资源型企业。通过以上分析可以发现,大型资源型企业在绿色行为实践方面普遍具有更丰富的经验和成熟的体系,因此,本章将案例企业选择范围定位为大型资源型企业。此外,对于案例数量的选择,许多学者进行了讨论,参考现有文献,进行多案例分析所选择的案例对象一般在3~10个之间(陈刚,2012)。因此,基于行业特性及研究可行性等因素,本书在研究设计过程中,最终选择了3家企业作为案例研究对象,分别是湖北兴发化工集团股份有限公司(以下简称兴发集团)、中国石油化工股份有限公司荆门分公司(以下简称荆门石化)和国投煤炭有限公司河南分公司(以下简称国煤河南)。将此3家企业作为案例研究对象主要有以下几点考虑。

(1)企业规模。根据前文的资源型企业绿色行为概况可以看出,我国众多企业在生产管理中实践绿色行为已有了初步成效且已形成趋势。本章的问卷调查数据中显示,大型企业在绿色管理和技术创新行为方面表现得更加活跃,其绿色行为形成过程也更加完整,因此本书选择的3家研究对象企业均为大型企业。

(2)所在行业。因资源型企业产品开采及加工工艺的不同,生产过程中所排放污染物也不尽相同,因而其绿色行为也有一定区别。根据本研究的主要目的,为加强研究结论的说服力,更为全面地反应不同资源型企业绿色行为形成所具有的共性,所选择的3家资源型企业分布于石油、煤炭采选以及非金属化工3个不同的行业。其中,兴发集团与荆门石化是较为典型的污染排放物种类多、污染程度大、排放量多的化工类企业,其绿色经营管理行为也相对表现得更为多样。我国为世界最大的煤炭生产国和消费国,因而煤炭企业在资源型企业中占有较大比重,且我国的煤炭资源多集中于中部和西部。国煤河南主营业务为煤炭开采及初加工,其主要煤矿有着开矿时间长、矿区规模大的特点。基于以上原因,将该企业列为研究对象之一。

(3)企业影响力。案例企业兴发集团目前是中国最大的精细磷产品生产企业,世界最大的六偏磷酸钠生产企业,中国无机盐20强企业排名第1,在我国磷化工行业具有重要的影响力。荆门石化隶属于世界500强排名第4的中国石油化工集团公司,荆门石化也曾获评全国500家最优工业企业,石油开采及加工工业第1名,全国行业10强企业。依托丰富的石油资源及中国石化的雄厚实力,荆门石化在我国的经济、政治、社会等多个领域具有很强的影响力。国投煤炭河南分公司是国投煤炭有限公司的唯一一家分公司,其母公司是国家开发投资公司的全资子公司,业务范围广,资金实力雄厚,而国煤河南也因它广泛的业务和较大的经营规模在中原地区具有相当的影响力。

(4)典型性。3家企业都具有较长的发展历史,经历了较为丰富的社会背景变迁,也积累了丰富的经营管理经验。它们的发展过程不仅体现了所在行业的整体发展历程,还反映了环境规制、企业能力、社会网络等多方面的经验,企业在不同阶段的表现能够在一定程度上代表其所在行业的绿色经营管理历程。3家案例企业的特征如表4-3所示。

表 4-3　案例企业特征归纳

企业属性	兴发集团	荆门石化	国煤河南
体制	国有控股	国有独资	央企全资
规模	大型	大型	大型
发展历史	1994 年建厂	始于 1970 年	始于 1914 年
涉及行业	磷化工、水力发电	石油加工及炼焦业	煤炭开采初加工、水泥加工、火力发电
是否上市	独立上市(1999 年)	总部上市(2000 年)	未上市(计划整体上市)
注册资本	3.65 亿元	1000 万元	20 亿元(国投煤炭总部)
员工人数	约 6000 人	约 5000 人	约 8000 人

三、案例研究的过程

如前文所述,本书根据文献资料进一步明确了主要研究问题,提出了研究假设命题,构建了概念框架,并选择了以多案例研究为主要研究方法。通过调查问卷,大致了解了资源型企业的绿色行为概况,逐渐缩小案例企业选择范围,最终选择了三家分布于石油、非金属化工和煤炭行业的大型企业作为案例对象。通过网络资源多方了解了企业基本信息和绿色行为概况,并据此设计了调研计划和访谈提纲,为进入案例企业现场调研打下良好基础。本研究多次深入案例对象企业,通过文字和数据信息收集,参观企业生产单位以及对企业各级领导员工的访谈获取了大量资料。在进行多案例分析时,采用规范的案例内分析与跨案例分析相结合方法对所获资料进行了深入研究,进一步对本研究所提出的假设命题和概念模型进行了验证。据此,依照较为科学的案例研究过程,笔者展开了深入的研究工作。案例研究过程如图 4-1 所示。

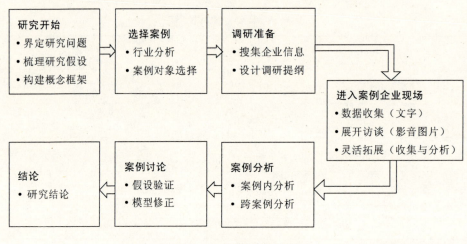

图 4-1 案例研究过程

第二节 数据来源及分析

一、数据来源

本书中大量资料的收集活动是贴近社会和企业,通过"看、听、查"得来的质性资料。此类资料更加具有扎根性(local groundedness)(Matthew et al,2008),比通过邮件、电话得到的信息更能体现真实而生动的企业情况。质性资料着重反映"经验",此外质性资料的收集通常持续时间较长,更加适合研究过程,这些资料所反映的问题并非对时间、空间的某一截面进行"快照",而是反映了一个阶段事物的变化。而本书所研究的主要问题正是偏重过程的研究。本研究采用企业调研、深度访谈、内外部资料相结合的资料收集方法,通过多样化的数据来源对研究数据进行相互补充和交叉验证。具体数据及信息来源于以下途径。

1. 文献资料

通过中国期刊库、行业协会报告、企业年报等途径,对企业绿色行为、国家相关政策以及资源型企业相关发展研究等方面的文献进行了搜索整理,并通过网络资源从国土资源部、中国化工网、企业网站等主要媒体平台对案例研究对象的行业信息、企业发展历程、市场环境等资料进行收集梳理。

2. 问卷调查

在本书的研究背景分析下,为进一步了解资源型企业绿色行为实践的大致情况,结合相关理论对社会网络及企业绿色行为进行了维度划分,并据此设计了电子调查问卷,面向10余个重要资源型省、市、自治区发放问卷150份,回收83份,其中有效问卷75份。问卷调查为了解资源型企业绿色行为实践情况、制定研究方案、选择案例研究对象、设计访谈提纲提供了参考和支持。

3. 访谈调研

除了对企业公开的文字资料进行梳理,通过参观企业及员工访谈对获取资料、深入全面地了解案例企业的绿色行为形成情况也很有必要。在经过初步的行业及企业情况了解后,根据实际调研情况,本研究采用了无结构式访谈及半结构式访谈两种形式对案例企业进行了访谈调研,调研情况如下。

(1)2013年1月3日—2013年1月5日至湖北省荆门市荆门石化公司采用无结构式访谈展开调研,共访谈荆门石化管理人员3人(其中,安全环保方面负责人2人,技术工程师1人),访谈时间每人30~60分钟不等。调研获得《资源型企业绿色实践调查表》2份,访谈录音文件1份,访谈记录2份。

(2)2013年4月22日—2013年4月25日至湖北省宜昌市兴发集团总部采用半结构式访谈展开调研,共访谈兴发集团管理人员12人(其中,公司高层2人,节能减排与环境保护方面负责人3人,子单位中层管理人员7人),访谈时间每人60~120分钟不等。调研获得访谈记录多份,《资源型企业绿色实践调查表》9份(均由集团中高层领导填写),企业PPT资料1份,集团绿色行为介绍文字材料1份,照片13张,共参观工业园区1个、化工厂1个、选矿厂1个、集团陈列厅1个。

(3)2013年7月16日—2013年7月18日至湖北省荆门市对荆门石化公司进行回访,采用半结构式访谈展开调研,共访谈荆门石化管理人员2人,另访谈荆门市环保局4人(其中,高层管理人员2人,主管企业环境监察工作领导1人,发改委循环经济办公室调研员1人)。访谈时间每人40~100分钟不等。参观工厂1个,获得访谈录音2份,荆门市环境监察资料1份,照片7张,企业厂志材料附件1份。

(4)2013年7月27日—7月30日至河南省郑州市国投煤炭河南分公司,采用半结构式访谈展开调研,共访谈6人(其中,国投煤炭副总经理1人,国投煤炭新登煤矿高层领导2人,安全环保主管领导1人,工程师1人,国投新登水泥厂副总经理1人),访谈时间每人30～80分钟不等。获得录音文件2份,文字材料3份,参观煤矿1个,水泥厂1个。

二、信度与效度

作为实证方法的一种,案例研究方法同样需要进行信度和效度的检验。然而与定量方法不同的是,案例研究方法需要对质性资料的来源、分析过程、研究设计的合理性进行着重检验。通常需要使用信度、建构效度、内在效度和外在效度这四种检验,许多学者也已对这些概念进行了详细解释(Robert,2010)。

1. 信度

信度(reliability)检验用于描述案例研究的一致性水平(congruence),即说明贯穿于案例研究的每一步过程都是可重复的,在更换时间地点后仍能得到同样的结论。Yin(1990)提出详细的案例研究计划书可以增加案例研究的信度。本书即在提出案例研究设计思路的基础上制订了较为详细的研究计划,包括调研方案,并做了较为充分的资料搜集、问卷发放及访谈调研的准备,这增加了本研究的信度。其次,本书将所要研究的问题层层分解,建立了多层次的假设体系,并据此思路建立了证据链,增加了研究过程的可靠性。最后,在本研究构思、实践到分析讨论过程中,处理了大量质性资料,为便于资料的重复检验和研究,将文件资料分类收藏,尤其是对电子文件做了归纳整理和编号,以便及时查找和验证。这些工作都为本案例研究的信度提供了支持。

2. 效度

效度(validity)检验用于描述案例研究的相关性水平(correlation)。主要包括以下3个方面的内容。

(1)构建效度(construct validity)。构建效度是指研究需要形成被具体化且可操作的指标体系。对此,本书在理论研究部分,通过前人所提出的维度对社会网络和资源型企业绿色行为进行了划分。在收集资料过程中,也通过采用多元的证据来源,对资料中变量间的关系进行交叉检验,形成了一套在案例资料中得以验证和测量的指标体系,并在访谈调研后由主要提供者对本书所整理的资料进行了部分检查核实,这都提升了本研究的构建效度。

(2)内在效度(internal validity)。内在效度是指研究中变量间关系的有效性保证。本书在通过社会网络理论、资源基础观、利益相关者理论、企业绿色行为研究等相关理论的推演下提出了研究的概念框架,利用多种案例资料对此概念框架及相应假设进行匹配,并按照一定的逻辑思维对概念模型进行反复比较分析和修正,在分析过程中对研究内容做出了竞争性解释,在此基础上最终建立了社会网络与资源型企业绿色行为形成的关系模型,以此使内部效度得到保证。

(3)外在效度(external validity)。外在效度是指案例研究的结论能够有效地在某一范畴领域里进行推广,这一点需要通过分析类推来实现(胡雅静,2011),即研究的结果能够在多个案例中重复出现。本研究的范畴即资源型企业,通过结合了案例内分析和跨案例分析的多案例分析方法对概念模型进行验证也是出于保证外在效度的目的。在案例分析过程中,逐渐将企业中的现象抽象概念化到理论中,使企业的实际情况与理论进行匹配,从而使本书的结论能够重复在其他资源型企业中得到实现,即通过归纳保证了本书案例分析的外部效度。

第三节 案例描述

一、湖北兴发化工集团股份有限公司

1. 企业概况

湖北兴发化工集团股份有限公司地处中国磷矿资源大省——湖北省西部宜昌市兴山县,是一家大型磷化工企业。1994年6月,兴山县化工总厂联合兴山县天星水电集团水电专业公司、湖北双环集团有限责任公司进行改制,以定向募集的方式组建了湖北兴发化工股份有限公司。1996年12月更名为湖北兴发化工集团股份有限公司。之后公司生产经营规模不断扩大,并于1999年上市,成为了华中地区最大的磷化工产品生产基地。目前,拥有34家控股子公司,总资产122.06亿元。集团国有股份占24.41%。现拥有工业级、食品级、饲料级等系列产品70多个,产品出口全球30多个国家和地区,其产品链如图4-2所示。

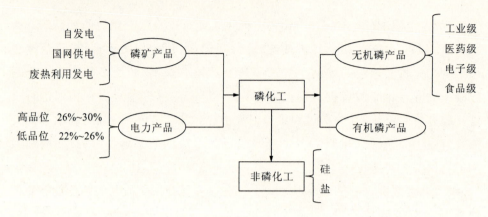

图 4-2 兴发集团多元产品链

资料来源:兴发集团资料。

企业施行磷化工、硅化工、盐化工 3 条线并行发展,向资源和产品两头延伸,三大产业耦合共生,使资源综合利用率不断提高。基本形成了"矿—电—磷"一体化的发展格局,并先后在湖北省内建立并不断完善 4 个磷化工工业园区。目前,兴发集团成为了国家级企业技术中心,国家科技兴贸创新基地,国家重点实验室、湖北省精细磷化工工程技术研究中心和湖北省博士后产业基地,拥有 50 项核心专利,21 项发明专利。

2. "四废"处理,实施循环经济

兴发集团作为高耗能、高污染的磷化工企业,地处三峡大坝上游与神农架自然保护区交界处,其污染物的排放备受各界关注。2001 年,兴发集团组建兴山兴发三利化工有限公司,主营磷化工"三废"综合利用,不仅扩展了产品种类还降低了废弃物治理成本。此后数年,兴发集团致力于废物综合利用,2007 年左右先后对废固、废热、废水、废气进行综合整治,废固的综合利用率达到 100%,尾气综合利用率超过 98%,工业水重复利用率达到 90%,废热利用取得明显成效,并形成了拥有 25 个主导产品的循环经济产业链。

(1)创新的废热处理。化工产品生产需要大量蒸汽,通过能源燃烧使用锅炉产生蒸汽不仅产生采购成本,还会排放大量粉尘及一氧化碳等污染物。六偏磷酸钠生产过程中会产生大量的高温尾气。2006 年,公司自主设计制作了我国第一套热管余热汽包工业装置,通过改造厂区管道替代了锅炉产热。同时与云南省化工研究院合作利用新型特种燃料炉对现有磷酸装置进行改造,通过回收生产磷酸的余热来生产饱和蒸汽。公司所有余热利用装置建成后，替代了发热煤锅炉实现热能平衡，每年减少燃煤消耗 10 万吨，减少用水 2926 万吨，节约成本 2000 多万元，而且彻底消除原来因锅炉运作和一氧化碳燃烧产生的"天灯"——烟囱。

（2）废气利用。生产黄磷会产生大量含有一氧化碳的尾气，兴发集团投资 2000 多万元建设新型硫化床锅炉替代链式锅炉，回收黄磷尾气用作其他产品的生产燃料，回收次磷酸钠尾气磷化氢制取有机磷阻燃剂和磷酸，使尾气回收率达到 95% 以上。为降低二氧化硫排放，不惜高价使用低硫煤，并结合石灰石脱硫、静电除尘和水膜除尘等措施，使二氧化硫等有害气体的排放量降低 65% 左右，在保护大气环境的同时，年增效益 2000 多万元，使用布袋除尘技术，从粉尘中收集可用产品数百吨，增收 50 多万元。

（3）废固利用。兴发集团抱着对固体废物"吃干榨尽"的态度，投资 1500 万元率先建成利用次磷酸钠残渣生产万吨级饲料钙生产线，年减少固体废弃物排放 3500 吨，增加效益 450 万元。此外，兴发集团投资 600 万元引进密闭氧化法处理 1% 以上含量的贫磷泥烧酸装置，并利用磷泥烧酸的残渣生产柑橘专用肥，年增效益 300 多万元，从根本上消除了多年来磷泥堆积的污染。在治理焦炭粉尘污染方面，兴发集团投资 120 万元使千余吨焦球直接作为每年黄磷的生产原料，年增效益 300 多万元。亚砜废盐回收替代硝酸钠项目不仅降低了 200 多万元的原料采购成本，还有效地解决了亚砜废渣的治理问题。通过投资 180 万元提高二甲基亚砜的品质，在每年减少固废排放 860 吨的同时增加效益 300 多万元。对于固废最普遍的处理方式就是制造水泥。兴发集团近些年与葛洲坝水泥厂建立合作关系，投资 2000 多万元用于生产磷渣水泥，代替过去的堆场填埋，不仅节省了购买填埋场的费用还产生了废渣销售的收益 1500 多万元，一举解决了多年的磷渣处理难题。

（4）废水利用。公司充分利用国家关于三峡库区水污染防治的一系列扶持政策，先后投资 6000 多万元，实施白沙河、楚磷两大工业园区的水污染防治国债项目，对装置的污水处理系统和设备冷却水系统进行升级改造，同时对各厂区的含磷地表水进行收集处理，对工业污水和冷却水实施封闭循环利用，使水体总排放值由 67 吨/年降到 2 吨/年，高效缓解了库区水体生态环境压力。此外，公司投资 50 多万元增加环境监测仪器 30 多台（套），联合环保部门建立企业环境监测站，每天对生产区域的废水进行采样分析，不仅基本实现了工业废水的重复使用和污水的零排放,而且每年节水 800 多万吨,减少水费和排污费 400 多万元。目前进行的刘草坡、神农架及保康等工业园区的水污染防治工程,使工业用水重复利用率提高到 97% 以上。

兴发集团废弃物处理早已达到国家环保标准,但仍不满足这一高度。对于环保,地方政府的标准往往高于国家标准,而兴发集团的标准则更高于地方标准,形成了企业的发展动力。通过大力实施循环经济,兴发集团取得了多方面的收益,其循环经济模式如图 4-3 所示,兴发集团下一步环保计划是治理视觉污染,即消除因生产过程中产生的水蒸气为厂区所带来的视觉不良感观。

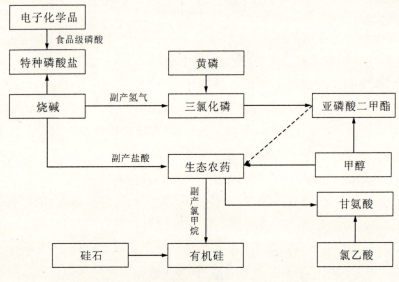

图 4-3 兴发集团循环经济产业链示意图
资料来源:兴发集团资料。

3. 绿色矿山,创新开采模式

2013 年 3 月,兴发武山磷矿作为中国化学矿业协会推荐的唯一一家矿山入选了国家级绿色矿山试点单位。该矿通过制定详细方案,健全矿产资源开发利用、环境保护、土地复垦、生态重建等规章制度和保障措施,实现了矿山管理的科学化、制度化和规范化,并使"三废"排放等级完全达到国家规定标准。

(1)磷矿资源"绿色"开采。2000 年,国家对节能降耗和综合利用提供了大力扶持,兴发集团在磷矿资源开采过程中创新了平洞开矿法以及井下充填技术,一改传统的矿柱式开采,从而不但解决了开矿废石处理的问题,也大大提高了低品位矿产资源的利用率,采矿利用率达到了70%。目前,这一技术仍在进一步实验和推广阶段。

此外,矿石开采所占用地主要为荒地和林地,减少了对地表的破坏。对于必要用地,按照"边生产、边建设、边复垦"原则,利用复垦专项资金以及先进的复垦技术做到全面复垦。

(2)磷矿矿山绿色保护。武山磷矿在矿区主要井口及地面修建污水沉淀池,将生产、生活废水经沉淀处理后排放,修建了5处拦渣坝用于基建时期产生废渣的排放,大部分废渣被运至井下采空区回填,不仅减少了固废排放,还巩固了矿山结构。5年来武山磷矿未发生重大地质灾害。

与此配套的是矿山制订了相应的环境保护与生态重建方案,并完成了《武山矿区矿山环境保护与综合治理方案》的编制与评审工作。恢复土地植被2600平方米,使矿山绿化覆盖率达可绿化区域的90%以上,成为了真正的"绿色"矿山。

4. 推动行业发展

目前,兴发集团在行业中具有较高的影响力,位于中国无机盐20强第1位、中国磷酸盐50强第1位、中国化工500强第48位、中国大企业集团竞争力500强第31位、中国上市公司500强第481位、湖北百强企业第32位。该企业不仅自身不断前进,也带动了整个行业的发展。

(1)技术创新。作为磷化工开采加工企业,兴发集团对技术创新的重视不仅表现在产品的创新升级上,还表现在生产设备改造以及开展节能减排等方面。2007年,兴发技术中心被认定为国家级技术中心,集团技术中心工作人员共500人,每年约有9000万元用于技术研发。为攻克技术难题,技术中心通过引进技术、与科研院所合作、独立自主研发三法并行。楚磷工业园被认定为国家科技兴贸创新基地,获得了11项国家技术专利。2008年,兴发集团又实施了6个技术创新项目和4个技术攻关项目,白沙河水厂泵房远程控制改造等2个创新项目已建成投运,2011年以后,兴发集团成功建立并运用能源管理平台,对集团各生产线用水、用电、用气情况进行实时监控,加快步伐深入开展节能减排工作,淘汰落后的装置。

(2)制定行业标准。2007年,已经成为行业领导者的兴发集团通过了ISO9001、ISO14001、OHSMS18001"三合一"管理体系认证和HACCP食品安全管理认证,起草并通过了9个国家(行业)产品质量标准。

(3) 分享经验。兴发集团矿山、集团总部以及生产园区每年都吸引着众多同行企业、高校学者及政府部门前来参观学习或指导工作。2010年,工业信息部组织了200余人的企业代表团来兴发集团参观学习。实力雄厚的技术中心更是成为合作者以及竞争者频频到访的机构之一。集团作为中国无机盐协会会长单位,中国化工协会常务理事单位受到了行业协会的认可,每年定期参加协会活动并与协会企业交流经验,促进合作,共同进步。

(4) 园区建设。2012年以后,兴发集团在全国建设多个产业园区,包括宜昌猇亭工业园、保康工业园、神农架工业园以及兴山工业园。四大园区各有特色,各有优势。通过园区建设引入许多中小型企业,在园区内开展合作经营,企业规模以及合作进一步得到扩张,行业地位进一步得到提升。

二、中国石油化工集团荆门分公司

1. 企业概况

中国石油化工集团公司荆门分公司位于湖北省中部的荆门市,由始建于1970年的原荆门石化总厂资产重组而来,于1983年划归中国石油化工集团(简称中国石化)总公司管理,目前是湖北省内最大的石油化工企业,同时也是中南地区最大的润滑油和石蜡生产基地。公司曾先后获得"全国500家最优工业企业""全国行业10强企业"等荣誉。

荆门石化经过30余年的发展,依托母公司强大的资金、技术、资源实力,加之鄂中地区便利的交通和工业发展环境,有了长足良好的发展。现有原油加工能力约为550万吨/年。拥有41套炼油化工生产装置,是我国石油炼制加工装置最为齐全的企业之一,可生产20多个品种的100多个牌号的产品。2012年销售收入达到315亿元,位列湖北省国有企业第10位,上交税金位列湖北省国有企业第4位,达到47亿元以上,累计上交国税300亿元。

荆门石化的母公司中国石油化工集团公司是中国最大的一体化能源化工公司之一,2012年总资产达到12 473亿人民币,在2013年世界500强企业榜单中位列第4,也是首家在香港、纽约、伦敦和上海4地上市的中国公司,2000年上市第一年即成为我国首个实现污染排放全面达标的特大型工业企业。

2. 绿色管理

作为我国重要的能源资源企业,中国石化在国家经济、政治、社会等多领域具有相当的战略地位。其绿色经营管理行为也直接影响着产品的生产及使用过程中的污染排放。而该企业始终将绿色低碳发展作为不断提高企业核心竞争力的重要途径，如图4-4展示了中国石化清洁生产的大致过程。

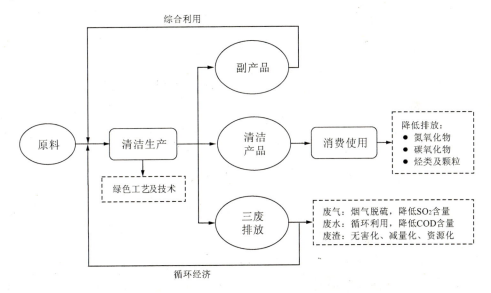

图4-4 中国石化全过程清洁管理系统
资料来源：根据中石化社会责任报告资料绘制。

仅2010年中国石化的环保投入就达到了38.8亿元，2005—2010年，中国石化资源综合利用产值达224亿元。2011年该公司正式将绿色低碳纳入企业战略之中，进一步确定了"加快构建资源节约型、环境友好型企业"的发展道路，2012年更是位列《财富》杂志社会责任排行中国石油与天然气行业榜首。依托科技手段，中国石化不断致力于清洁生产和节能减排，全面实施健康、安全和环境（HSE）管理体系（图4-5），将"安全第一、预防为主、全员动手、综合治理、改善环境、保护健康、科学管理、持续发展"作为中国石化集团HSE管理体系的总体方针，对公众做出的五项承诺中也包含了有关保护生态环境的内容。

荆门石化公司环保意识由来已久，早在1984年6月，其前身荆门炼油厂就成立了环境保护委员会，并设立环保科、环保领导小组、安全生产督察委员会及办公室一系列较为健全的安全环保管理组织。后因公司重组等原因先后更

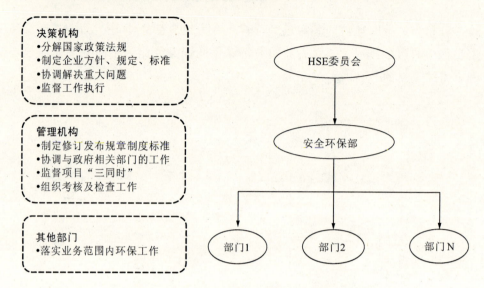

图 4-5 中国石化集团公司 HSE 管理体系

资料来源:根据中石化社会责任报告资料绘制。

名,最终于 2005 年更名为 HSE 委员会,2006 年 9 月开始正式实施安全生产、环境保护和职业健康管理体系。如图 4-6 为荆门石化 HSE 管理架构。

荆门石化从 1998 年就在企业内部大力推行清洁生产,还成立了专门的清洁生产领导小组,并于 2007 年专门成立节能领导小组和节能办公室,制定了《荆门石油化工总厂和荆门分公司节能管理办法》《荆门石油化工总厂和荆门分公司过程用能管理要求及判断标准》《荆门石油化工总厂和荆门分公司过程用能管理考核办法》,面向全体员工印发了《荆门石化节能管理手册》。

在企业绿色文化方面,荆门石化通过印发《关于建立和运行安全环境和健康(HSE)管理体系的通知》《HSE 承诺制度》《荆门石化水体环境污染

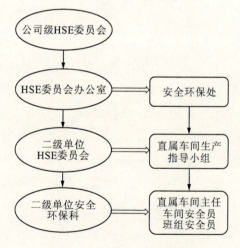

图 4-6 荆门石化 HSE 管理架构

资料来源:根据调研访谈资料绘制。

事件应急预案》等一系列制度文件和标准对员工进行安全环保教育。荆门石化还配合环保部门多次通过水污染调查完成相关调查报告并根据报告改进清洁生产工艺。

荆门石化也因突出的环保工作多次获得"国家环保先进企业""全国绿化先进单位""石化总公司炼油企业环保先进单位""石化总公司节能先进单位""湖北省绿化先进单位""湖北省清洁无害工厂"等荣誉称号。

3. 节能降耗

基于荆门石化高耗能企业的产品生产特点,在生产过程中需要大量使用燃料及水电资源。为实现节能减排的目标,荆门石化自建厂以来先后多次开展节能降耗改造(表4-4至表4-7)。

表4-4 荆门石化装置节能改造

年份	节能改造	效果
1991	硫酸精制装置节能改造,包括加热炉改造、抽真空系统改造、调整换热流程	实现多效蒸发
1992	丙烷脱沥青装置节能技术改造,新建一座轻油蒸发塔	脱沥青油收率提高2%～3%
	新建配电间	装置能耗降低12.07千克标油/吨
1994	酮苯脱蜡脱油装置进行节能改造	油收率提高1%,蜡收率提高1.55%
	酮苯脱蜡脱油轻套回收系统改造	三效蒸发代替二效蒸发
	新增中压蒸发塔	装置能耗降低15千克标油/吨
2000	分流油浆系统注入阻垢剂	提高油浆蒸汽发生器的产汽量
	催化二装置实施喷嘴雾化效果	降低能耗
	烟机入口蝶阀开度由38%提高到80%	机组日耗电量由8.3万千瓦时降至5.7万千瓦时
	外取热系统技术改造	装置废渣率最高达到45%以上
2001	蒸馏装置换热网络优化改造	降低能耗

续表 4-4

年份	节能改造	效果
2002	蒸馏装置节能改造	达到加工汉江油及南阳油换热终温要求；蒸汽除自用外可内分外输
2004	催化二装置改造	提高原料油的雾化效果，降低生焦
2005	蒸馏二装置改造	能耗由15千克标油/吨降至11千克标油/吨
2006	重整装置换热流程优化	提高换热效率，降低装置能耗
2007	催化一、二装置改造，高效导向浮阀塔盘改造	降低装置能耗
2007	蜡油加氢装置热高分工艺改造	节约循环水250吨/小时

资料来源：根据荆门石化志资料整理。

表 4-5 荆门石化节约燃料改造

年份	节能改造	效果
1985	焦化加热炉改造	热效率由84.5%提高到88.5%
1988	蒸馏一装置减压炉改造	减压炉节能
1989	氧化沥青装置焚烧炉更新	瓦斯实际耗量下降40%
1996	分子筛脱蜡二装置加热炉改造	加热炉炉膛温度降低约20℃
2002	蒸馏一装置加热炉改造	烟气和空气换热后排烟温度降至180℃
2002	糠醛装置轻套加热炉节能改造	热效率达到86%
2004	润滑油加氢改质装置加热炉改造	提高加热炉负荷
2005	糠醛精制装置轻套加热炉风机投用	烟气温度降到180℃，加热炉热效率达到87%以上
2005	炉用瓦斯脱硫改造	硫化氢含硫量降低至100毫克/千克以下
2008	含硫污水气提脱硫二装置改造	减少瓦斯用量120立方米/小时
2008	蒸馏二装置加热炉改造	—
2008	新增烟气侧引风机	实现排烟温度小于140℃，加热炉热效率达到91%
2008	糠醛装置（重套）加热炉改造	烟气温度由300℃降到155℃，热效率达到90%以上

资料来源：根据荆门石化志资料整理。

表 4-6　荆门石化节电、节气、节水改造

年份	节能改造	效果
1985	催化一装置改造	—
1988	催化装置自产汽系统改造完成	节气折合标准油 6500 吨
	中转重油泵房至氧化沥青装置的渣油管线进行改造	装置蒸汽耗量降低 0.4 吨/小时
1997	糠醛精制装置泵变频改造	节电 35.2 千瓦时
2000	糠醛精制装置改造	节省蒸汽 0.4 吨/小时
2001	石蜡成型装置改造	年节约主蒸汽 1 万吨左右
2002	催化一装置气压机转子改造	降低蒸汽消耗 150 标准立方米/分钟
2004	催化一装置余热锅炉改造	提高产气量
2006	酮苯装置冷冻改造	节电 1600 万千瓦时,重套能耗下降约 80 千克标油/吨
2007	晶蜡加氢装置改造	电单耗下降
	润滑油加氢装置改造	节约 1.0 兆帕蒸汽用量 0.5～1.0 吨/小时,节约软化水 0.5～1.0 吨/小时
2008	循环水串级利用改造	节约循环水用量 2000 吨/小时以上
	达标污水回收利用改造	节约新鲜水 100 吨/小时

资料来源:根据荆门石化志资料整理。

表 4-7　荆门石化降物耗改造

年份	节能改造	效果
1999	酮苯脱蜡脱油装置改造	实现全滤液循环工艺
2001	润滑油白土精制装置	降低脱氮剂损耗
2002	聚丙烯一装置改造	装置丙烯收率达到 96%
2004	催化装置再生器旋风分离器改造	催化剂自然跑损从 1.0 千克/吨下降为 0.4 千克/吨
2005	酮苯重套蜡回收系统改造	降低溶剂损耗

资料来源:根据荆门石化志资料整理。

4. 环境污染治理

荆门石化始终坚持绿色低碳的发展理念，高度重视环境治理，提出了"要像抓产品治理一样抓环保指标""抓环保就是抓发展""像重视安全一样重视环保管理""环保是生存管理过程的结果"等口号。截至2008年，荆门石化累计环保投入超过3.22亿元，外排固液气的环保指标不断下降，并伴随着部分"三废"的回收利用，做到了"增产不增污"。表4-8为荆门石化环境保护管理"三同时"落实情况。此外，为及时了解环境污染隐患，荆门石化先后购进多台检测设备，并多次开展排污调查、大气质量检测机产品抽检，为周边社区环境的改善做出了贡献。

表4-8 荆门石化环境保护管理"三同时"落实情况表

名称	项目总投资/万元	环评单位	环评时间
80万吨/年重油绿化裂化装置	34 162.05	湖北省环境保护研究所	1994年07月
7万吨/年聚丙烯装置	67 373.55	湖北省环境保护研究所	1997年11月
20万吨/年润滑油加氢改质装置	18 931.00	荆门市环境保护研究所	1998年06月
CFB	12 000.0	荆门市环境保护研究所	2001年05月
清洁燃料生产措施项目	29 994.00	北京飞燕石化环境保护科技发展有限公司	2003年09月
润滑油适应性改造	5403.00	荆门市环境保护研究所	2006年04月
8万吨/年苯抽提装置	4996.00	荆门市环境保护研究所	2006年04月
CFB锅炉二期工程	13 000.00	荆门市环境保护研究所	2006年11月
120万吨/年重油储化裂化装置技术改造	10 768.00	湖北省科学研究院	2007年04月
55万吨/年气体分馏装置异地改造	13 419.00	荆门市环境保护研究所	2007年12月

资料来源：根据荆门石化志资料整理。

（1）废水治理。荆门石化在生产过程中产生的废水分为含油污水、含碱污水以及含硫污水。其中，含油及含碱废水经过污水处理后直接排放，具有较大污染风险的含硫污水一部分被回收利用于蒸馏及加氢装置，剩余的进行污水处理。1991年至今,荆门石化先后多次对含硫污水加压汽提装置进行了改造,每年大约需要花费2000万元用于治理废水。目前虽然废水排放量有所下降,但排放的废水浓度提高了,这对废水处理提出了更高的要求。在多年的不断努力下,荆门石化的厂区所排出的水质已经相当清澈。

(2)废气治理。在生产过程中,会产生有组织排放的废气和其他形式自由排放的废气。有组织排放的废气主要为燃料废气。为降低燃料燃烧排放的二氧化硫浓度,荆门石化先后实施瓦斯脱硫工程。另外将催化再生烟气经过烟机、余热锅炉来回收压力能和部分热能、粉尘后排放,将硫磺烟囱尾气用于制造硫,氧化沥青通过专用管线经过分离后焚烧排放。目前荆门石化将回收的部分含硫废气用于制造硫酸,形成副产品进行销售。

(3)废渣治理。作为石油炼化企业,荆门石化生产所产生的废固主要为污水厂"三泥"、碱渣及废催化剂和燃料废渣等。污水厂"三泥"指在对废水进行处理时所沉积的隔油池底泥、浮选池浮渣及生化单元剩余活性污泥,最初直接将"三泥"进行填埋,而目前已委托专业治理单位进行处理。另外,对部分有价值的废催化剂及锅炉灰渣进行回收,委托外部单位进行综合利用和处理。

三、国投煤炭有限公司河南分公司

1. 企业概况

国投煤炭有限公司河南分公司位于河南省郑州市,是国投煤炭有限公司所设立成立于2009年9月的第一家区域性分公司,也是目前唯一一家。它的主要业务为代表国投煤炭对其在豫投资的煤炭企业进行煤炭资源的获取及生产管理,所管理的国投控股公司包括国投煤炭郑州能源开发有限公司、国投新登郑州煤业有限公司、国投河南新能开发有限公司、河南新兴煤炭实业有限公司、国投郑州煤化工有限公司、国投河南煤炭运销有限公司、国投新登郑州水泥有限公司。

自分公司组建以来,坚持总部国家开发投资公司(以下简称国投公司)的"为出资人、为社会、为员工"的宗旨,利用国投公司先进的管理模式,在矿井建设、安全管理、高效生产等方面取得了许多成绩,多次受到当地政府嘉奖,为国投经济效益及当地发展做出了一定的贡献。其中,国投新登郑州煤业有限公司和国投新登水泥有限公司积极在生产中践行循环经济,高度重视环境保护。

2. 绿色管理

国投公司始终坚持绿色投资,积极在公司各下属关联企业落实环境法律法规,走低碳经济道路,大力推进节能减排降耗等环保工作,自2008年起公开发布《国家开发投资公司企业社会责任报告》报告企业社会责任履行情况。2010年明确提出了"低碳经济、绿色经济、循环经济"的发展理念。企业将构建"资源节约型"和"环境友好型"企业,为建设生态文明社会做贡献作为绿色发展的目标,要求新建或扩建的项目必须按照"三同时"原则(即环境保护设施与主体工程同时设计、同时施工、同时投入使用)进行建设。如表4-9为国投公司部分数据,可以看出其主要环境污染指标数据呈现出逐年下降的趋势。

表4-9 国投公司部分绿色经营数据

	主要数据	2012年	2011年	2010年	2009年	2008年
企业基本数据	资产总额/亿元	3115.20	2766.40	2373.49	2101.46	1713.69
	员工总人数/人	83 545	85 204	76 527	72 043	60 631
企业社会责任	新增就业/人	8773	13 985	13 452	—	—
	科技研发投入/万元	52 511	29 140	49 111		
	安全生产投入/亿元	10.4	7	7.9		
	公益捐赠/万元	3172	258	4794	3891	7775
环境指标数据	污染治理项目技改投资额/万元	29 597	13 373	14 705	40 500	26 600
	万元产值综合能耗/(吨标煤/万元)	2.40	2.69	2.91	3.17	3.07
	火电机组供电煤耗/(克/千瓦时)	315.51	319.76	322.69	330.56	332.87
	二氧化硫排放量/万吨	3.29	3.30	2.86	4.98	11.71
	化学需氧量/吨	507	604	568	630	909
	煤矿资源回采率	82.34%	83.38%	82%	81.80%	82.14%
	煤矸石及煤泥综合利用率	—	—	—	62.49%	55%
	矿井水综合利用率	—	—	—	70.73%	60%

资料来源:根据历年《国家开发投资公司企业社会责任报告》数据编制。

在企业文化方面,国煤河南大力倡导节约,由专人负责对废料进行归类保管,激发职工参与企业管理,开流节源,节能降耗,将资源循环利用,共同促进企业可持续发展。其中,国投新登郑州煤业有限公司坚持"减量化"原则建立了绿色开采体系,国投新登郑州水泥有限公司也在降尘节能等绿色管理方面有着突出的表现。

国煤河南所管理的国投新登郑州水泥有限公司是一家新型现代化水泥生产企业,也是目前河南省建材行业唯一的循环经济试点单位,始建于2005年,投资5.56亿元,并于2008年投产,也是郑州与登封市2007年第一批重点工程。公司使用先进工艺技术,建成了郑州第一条日产4500吨熟料水泥新型干法生产线,实现了从矿石开采到产品包装运输全程自动化,并在生产过程中高度重视节能减排、资源高效利用的环保工作,先后多次投入人力、物力和财力进行风机、粉磨、废水系统改造优化,开展固废转化为原料的技术攻关活动。至2012年,该公司利用采矿废渣、石膏、粉煤灰等废固220万吨生产水泥,占水泥原料的34.62%。其中,"低钙高镁石灰石资源的综合利用"技术攻关项目荣获河南省建材行业技术革新大赛一等奖、全国建材行业技术革新大赛二等奖。

此外,国投新登郑州水泥有限公司成立了节能减排领导小组,并以总经理为组长,同时制定了《节能降耗奖惩制度》等一系列管理制度用于激励和考核各级部门班组及个人的节能表现,激发了员工工作中节能降耗的积极性。为营造更好的工作生活环境,公司购买了噪声测试仪、粉尘测试仪等仪器设备,厂区绿化面积达45%以上,成为了有名的"花园式"工厂。新登水泥也因突出的环境保护工作先后获得了"郑州市环境友好企业""郑州市清洁生产先进单位""登封市市长质量奖"等企业荣誉。

3. 循环经济

国煤河南坚持创建资源节约型和环境友好型企业,发展循环经济并鼓励发挥企业之间的协同效应。国煤河南所管理的重点企业河南新登煤业有限公司经过多年的努力实践,探索出了推进矿区环保高效发展的好方法,创立了"以煤为基、产业耦合、绿色生态、循环发展"的循环经济发展模式。在煤炭开采初加工过程中,产生工业"三废"是生存必然现象,企业从单纯的污染治理转变观念,致力于三废的回收利用,变废为宝,落实国投煤炭的"减量化、再利用、资源化"原则,形成了"煤—电—建"的循环经济产业链。

以煤炭开采初加工为主的新登郑州煤业有限公司将生产过程中所产生的煤矸石、粉煤灰等资源分别作为电厂发电、建筑用砖和水泥制造的原材料或辅助材料,其循环经济产业链如图4-8所示。原本需要堆积填埋的煤矿废弃物在各生产单位的循环使用,不仅降低了企业的治污成本,还实现了资源的有效利用和产品的清洁制造。

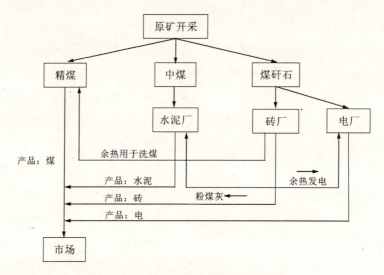

图4-8 新登郑州煤业有限公司循环经济
资料来源:根据调研访谈资料绘制。

第四节 案例内分析

一、兴发集团

1. 社会网络构成

兴发集团位于神农架自然保护区与三峡库区附近的昭君故里——宜昌市兴山县,特殊的地理位置使这家化工企业备受关注。随着企业业务的扩展,兴发集团逐渐构建起了系统的社会网络。图4-9为根据企业年报及调研情况所绘制的兴发集团社会网络节点图。

兴发集团是国有控股上市公司,拥有28家控股子公司,6家合营参股公

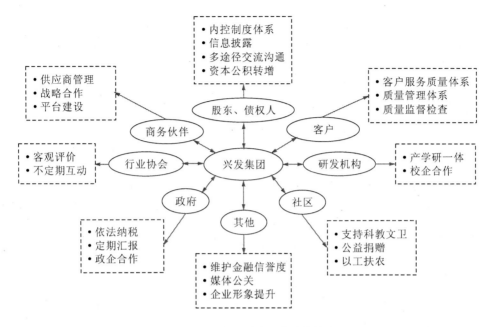

图 4-9 兴发集团社会网络节点构成

资料来源：根据企业访谈资料绘制。

司,并直接管理着 18 个电站和 3 个化工厂。其主要股东包括宜昌兴发集团有限责任公司、兴山县水电专业公司、武汉盛和源矿产有限公司、华安基金公司等。兴发集团通过及时准确的信息披露和多途径的股东沟通机制与股东及债权人建立联系。

由于磷化工产品种类丰富,用途广泛,兴发集团的产品远销欧洲、亚洲、美洲、非洲的 30 多个国家和地区,以"信誉至上,诚信为基"的原则,面向客户及消费者建立了完善的产品质量管理体系和客户服务质量体系。

作为中国最大的精细磷酸盐生产企业以及全球最大的六偏磷酸钠生产企业,兴发集团在中国磷化工行业中具有重要地位,先后与世界 500 强企业的宝洁、陶氏、联合利华等国际化工巨头建立了战略合作关系,并精选业内高水平生产能力的供应商,建立长期和谐共赢关系。通过"矿—电—磷"一体化的思路逐渐形成了丰富的业务合作伙伴网络。此外,兴发集团作为中国无机盐协会会长单位,中国化工协会常务理事单位受到了行业协会的认可,每年定期参加协会活动并去协会成员企业交流经验,共同推进行业发展,在合作中吸收先进理念。

兴发集团技术中心工作人员共 500 人,分布于各子公司单位机构。每年约有 9000 万元经费用于技术开发。为提高研发水平,促进企业发展,兴发集团先后与 10 余所高校一起进行技术攻关,并与高等院校联合组建了"湖北省磷资源开发利用工程技术研究中心""博士后产业基地",频繁的技术交流促使兴发集团拥有了强大的技术支持网络。

作为工业企业的重要监督者,社会公众和媒体对兴发集团给予了高度关注。因开矿需要,兴发集团先后多次组织矿区居民有序搬迁。作为当地的大型企业,兴发集团自然也成为了当地的纳税大户,仅 2012 年兴发集团上缴税收就达 4.17 亿元,并通过捐资助学、以工扶农、慈善捐助为当地政府作出了突出贡献。兴发集团与当地政府也建立了良好的政企合作关系,通过基建技术改造等方面共同推动着地方和行业的发展。

2. 绿色行为的形成过程

根据兴发集团的发展历程,本书将其绿色行为形成分为四个阶段。

第一阶段为被动满足环境规制最低要求。1994 年成立初期,同其他工业企业一样,追求经济利益最大化,通过增产来扩大规模。此时,由于社会各界对环境问题的重视程度不高,企业排污量与产品产量成正比。企业被动接受环境规制,消极地采取末端治理或直接排放,在一定条件下设法逃避环境压力,以降低治污成本。到 1999 年,为满足上市要求,公司通过提升硬实力和软实力按照 ISO9001 及 ISO2000 的标准质量体系文件规范质量行为。由于行业治污技术落后,环保投入大收益小,因此,在此阶段企业将绿色行为视为经营负担。

第二阶段是在较强的政府环境规制下被动进行工艺改造升级。1999 年以后,随着成功上市,企业加大了安全管理和环保管理力度,落实安全环保首长负责制,并于 2000 年提出了建设中国实力最强磷化工企业的目标,大力实施科技兴企战略。2003 年香溪河磷元素超标给集团带来了危机,地理位置敏感的兴发集团因三峡工程的开工更加意识到加强环保工作势在必行。集团提出了"安全和环保是企业的生命线"的理念,兴发集团董事长李国璋也提出了"能让兴发迅速关闭的就是安全和环保问题"。因此,兴发集团逐步进行传统工艺的淘汰和改造,并从初级黄磷生产转向食品级磷工业生产。在 2003—2005 年间及时按照国家法律法规安装了完善的环保设施,严格高标准遵守相关环境法律法规,并制定了一整套环境保护制度,层层落实安全环保责任制,绿色行为和循环经济被正式提上了企业发展议程。由此,2005年也成为了兴发集团绿色战略形成的关键一年。企业绿色行为不仅成为对环境规制的良好回应,也在竞争激烈的行业背景和不景气的宏观环境下,通过节能降耗降低了企业生产成本。

第三阶段是受经济利益驱动产生了主动绿色管理行为。兴发集团于2004年提出了"用好每一度电,每一颗煤,提高生产效率,增加效益"的要求。2005年左右,磷化工原材料供求关系矛盾、企业规模扩大导致的供电不足等原因,均导致了企业产品成本提高和盈利空间缩小,促使兴发集团通过节能降耗、设备改造、技术创新等方式来降低成本,并提出了加大科技创新力度,进一步改善生产工艺,大力发展循环经济。通过电—矿—磷一体化、建立循环经济产业链、提高"四废"综合利用率为企业创造了丰富可观的经济效益,兴发集团的发展也由此进入了较为成熟的阶段。兴发集团某工厂厂长认为,循环经济做得越好,成本就会越低,企业竞争力就会越强。在此阶段企业对环境问题的态度表现积极,将环境规制视为机遇而非负担,自愿遵守环境规制,以获得先发优势为目的,追求通过企业创新获取竞争力,并实现经济、社会与环境的"三赢"。

第四阶段是受绿色价值驱动进行的绿色技术创新。2006年开始,兴发集团全面推进科技创新,在技术改造、产品升级、环境保护和资源保护等方面取得了重大突破。2007年,兴发集团利用湖北省委省政府提出的"以兴发集团为主体,建设全国重要的精细磷化工生产基地"良好契机,加大技术创新力度,技术中心被认定为国家级技术中心,楚磷工业园被认定为国家科技兴贸创新基地,获得了多项技术专利和行业标准制定权。在全面落实科学发展观的过程中,以技术创新推动节能减排工作。此后,国家相继出台的多项环保政策为兴发集团带来了新的发展机遇,通过申报技术专利、参与制定行业标准以及新建项目高效地实现企业绿色价值,并于2009年提出"努力把兴发建成中国最强、世界知名的国际化精细化磷工企业"的战略发展目标,不断推进产品升级,精细化生产。2010年公司把提高技术创新能力作为增强公司竞争力的关键环节。2011年兴发集团成功建立能源管理平台,对集团生产线用水、用电、用气实时监控,加快节能减排进程,形成系统管理。近两年,企业逐渐形成了矿—电—磷一体化、技术设备创新、产品精细化以及循环产业链构建的绿色经营模式。

3. 社会网络对绿色行为形成的影响

在形成绿色意识并转变为绿色行为的过程中,兴发集团受到了来自社会网络的重要影响。从上述兴发集团的绿色行为形成过程可知,企业绿色意识的最初形成来源于外部环境压力,而后逐渐转变为意图获取先动优势的主动性绿色行为。作为对政策规制的积极回应,在1999年至2012年间兴发集团根据《节能减排综合性工作方案》《黄磷行业准入条件》《化工矿业"十二五"发展规划》等政策法规,结合实际情况及时制定许多配套制度或措施。2004年,由于部分工艺和管网设计不合理,装置跑、冒、滴、漏严重,造成排放废水总磷超标,加剧了香溪河的富营养化,兴发集团受到了国家环保总局的严厉查处。因此,企业投资1亿多元进行整改,并专门编制了《综合整改方案》。此外,为了消除人为因素,兴发集团还专门印发了针对员工生产操作的《环保手册》。

地理位置敏感的兴发集团在建立初期因化工产品生产存在的严重环境污染隐患对周边居民的生产生活构成了威胁。出于对社会强烈的企业责任感,兴发集团一方面通过主动提出赔偿损失,积极参加社区会议,认真听取农户的反馈意见,作为企业决策参考,另一方面加大力度开展环保监测管理工作,严格执行环保"三同时"制度,积极开展清洁生产审核工作,扎实进行环境隐患排查和整改,最终有效地保证了三废达标排放。为创造丰富经济价值的同时履行社会责任,兴发集团倡导社会和谐发展,大力发展绿色化工和循环经济,并积极投入重金进行废料回填和居民搬迁、社区共建、植树造林等活动,通过捐资助学、依法纳税以及慈善捐赠支持地方建设,追求与社会各界和谐发展,有效降低了矿山开采导致的矿区生态平衡隐患。

与政府和行业协会等社会网络利益相关者的良好互动也大大地提高了兴发集团的知名度和影响力,并激励着企业不断优化生产。2013年兴发集团的武山磷矿作为中国化学矿业协会推荐的唯一矿山入选国家级绿色矿山试点单位,企业也配套健全了矿山开发和管理的科学化、制度化和规范化,进一步提高了企业的行业影响力。同时,兴发集团也认为"上访者和投诉者是兴发的环保使者",以积极的态度面对公众压力,为企业绿色行为的形成创造良好的社会效应。

而与同行业企业及科研机构的高密度强度联系也为兴发带来了资金、技术、信息等多种生产资源,促成了企业快速良好发展。如2006年4月,兴发集团自主设计制作了我国第一套高传热效应的热管余热汽包工业装置,同时与云南化工研究院合作利用新型特种燃料炉对现有的磷酸装置进行改造,所有装置建成后,年均减少燃煤消耗 10 万吨,减少用水 2926 万吨,节约成本 2000 多万元。之后,兴发集团与同为磷化工行业领军企业的瓮福集团签订了合作协议,在磷化工下游深加工及资源综合利用等方面展开合作,已合资建设了磷矿伴生氟碘资源综合利用及深加工项目。

由此可见,兴发集团在与社会网络的高强度、高密度互动下形成了企业的情境认知并从中获取了多种资源,最终促成了企业绿色行为的形成,并形成了矿—电—磷一体化的循环经济产业链。

二、荆门石化

1. 社会网络构成

荆门石化是中国石化下属炼化企业之一,其石油资源的获取及技术、资金大多来自于中国石化总部,但与中国石化其他子公司存在着一定程度的竞争关系,同时基于其前身为始建于 1970 年的荆门化工总厂,具有 40 余年的发展历史,因此它在具有的自主经营权限内与当地社会组织有了较为广泛密切的交流。其社会网络节点构成如图 4-10 所示。

图 4-10 荆门石化社会网络节点构成

资料来源:根据企业访谈资料绘制。

自荆门石化成立以来,随着企业的逐渐发展壮大,企业员工人数持续增长,逐渐形成了以荆门石化厂区为中心的地方社区,社区人数在2012年就达到了3万人以上。荆门石化也因需要改善员工及家属生活环境,积极投入厂区绿化、学校、医院、体院馆、道路等基础设施建设,与社区形成了良好的互动发展关系。在履行社会责任方面,荆门石化在多次救灾活动中发挥石油产品生产优势为救灾做出贡献,并多次进行体育赛事、就业安置、低收入补助等方面的公益捐赠。在改制后,荆门石化坚持"融入地方、借势发展、合作共赢",与政府机构积极合作,为地方国税收入和提供就业岗位做出了突出贡献,2010年,荆门石化与其他大型企业积极投入荆门市化工循环产业园的建设,并与地方企业广泛展开合作,推动地方经济发展。

在技术研发合作方面,中国石化集团拥有抚顺石油化工研究院,石油化工科学研究院等多个科研技术单位,荆门石化除了依托总部技术研发资源外,还积极与湖北省多所高校及科研机构实现合作,通过技术攻关推动科技成果转化为生产力,进一步促进企业的良好发展。

在主营业务方面,荆门石化注重产品售后服务,主动收集利益相关者意见,及时与客户和消费者有效沟通,解决产品治理问题,构建互惠互利的合作关系,并通过邀请客户、供应商及其他产品相关人员到企业内授课,及时了解市场需求,促进产品设计研发人员与下游客户的沟通,进一步提高产品质量,同时提高企业知名度和信誉度。

2. 绿色行为的形成

荆门石化作为中国石化在中部地区重要的子公司,其企业行为很大程度是受到总公司的影响,因此,其绿色行为的形成过程基本上与总公司同步。图4-11为中国石化安全环保结构及其产生的效果。经过多年的发展,中国石化提出的做好环保工作改变了企业发展的价值取向,有益于企业获得核心竞争力,从而最终实现了企业的可持续发展。

如前文中案例介绍所述,中国石化的绿色行为主要体现为开采加工过程中的节能减排以及石油产品质量的提高。基于资源的有限性,中国石化自2004年起全面展开清洁生产企业的创建,这也是企业能力和经营水平的体现。2011年绿色低碳战略被正式纳入中国石化的企业战略之中,2012年中国石化发布我国工业企业的首个《环境保护白皮书》。联合国全球契约组织总干事乔

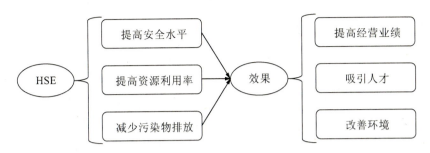

图 4-11 中国石化安全环保结构及效果
资料来源:根据企业访谈资料绘制。

治·科尔(George Cole)对中国石化的绿色行为给予了高度评价,认为该企业"公开承诺环境保护的责任,说明中石化确实在以实际行动落实全球契约提出的可持续发展目标,走在了世界前列"。国家环境保护部副部长李干杰也认为中国石化为推进生态文明建设作出了表率。

由于大多数时候环保的投入大而收益小,荆门石化建厂初期环保方面的投入较少,并且主要体现在管理方面。尽管中国石化总公司制定了"三同时"政策,但荆门石化实际的环保工作还是滞后于生产工作。随着产量的增加,污染物的数量对设备装置提出了挑战,从污染物的治理情况划分来看,荆门石化的绿色行为发展分为了两个阶段。20 世纪末期,由于石油化工技术相对落后,荆门石化在环保方面表现欠佳。而随着中国石化总体对生态环境改善的重视,荆门石化逐渐开展绿色行为,履行社会责任。2000 年以后,荆门石化通过节电、节气装置改造产生了较好的节能降耗效果,初步实现了三废有效利用。

荆门石化认为"企业以经济效益为中心,不计成本的进行环保投入是脱离国情,不符合实际情况的,环保工作需要循序渐进"。尽管拥有中国石化作为强大后盾的资金、技术、人才支持,但荆门石化与其他地区子公司也存在着一定程度的竞争关系。在有限的资金条件下,荆门石化积极与科研单位、设备供应商合作,提高了资源利用率,从而实现共赢。基于荆门石化在湖北省荆门市的高度影响力,居民对其环保问题也高度关注,这促进了企业环保意识的不断加强。此外,企业提出,"本着对职工健康负责的态度也要做好环保工作"。纵向比较荆门石化的环保工作取得了很大的进步,但经横向比较很多方面仍需要付出更多的努力。

3. 社会网络对绿色行为形成的影响

如前所述，荆门石化受到来自其母公司中国石油化工集团公司以及荆门市当地社会网络的双重影响，形成了企业绿色经营的良好社会环境。尤其是在技术改造方面，荆门石化得到了来自母公司多所研究院和湖北省众多高校及科研机构的支持，为企业绿色工艺改造提供了高水平的技术保障。

荆门石化结合企业外部环境与企业自身特点，积极承担环境责任，以保护环境为己任，并获得了先动优势。中国石化集团提出"环境，是人类赖以生存的家园；保护环境，就是保护人类自己"，荆门石化意识到企业安全绿色经营是当今社会的发展趋势，并为此不懈追求，以构建"环境友好、资源节约型企业"为使命，将保护和改善生态环境作为企业必须坚持履行的社会责任。为此，荆门石化不仅在改善生产工艺、开展节能减排、研发清洁产品等方面加大了力度，还积极贯彻总公司建设生态园林式企业的号召。中国石化集团 2011 年约有 52 万员工参加植树活动，植树尽责率达 90%。荆门石化深受外部环境和企业文化影响，将环保工作当作企业的形象工程、生存工程、幸福工程。同时，利用传媒平台对企业内外部利益相关者进行气候变化宣传和教育，以达到引导其绿色生产消费，增强环保意识的目的，通过及时完整的信息披露接受社会各界监督。

在与同行业企业及政府机构交流过程中，也促成了荆门石化在绿色经营方面的多方合作。在 2010 年建设的荆门市化工循环经济园区中，荆门石化处于园区主导地位，在废弃物循环利用的基础上扶持当地的相关中小企业。在油品升级和扩能改造项目酝酿过程中，荆门石化积极与社区群众各界人士交流，通过"工厂开放日"邀请各界人士到厂区参观听取讲解进而了解荆门石化业务并消除普遍误解，最终支持荆门石化扩能改造项目，而环境污染群体性事件频发也促使了企业对外开放举措的产生以获得公众理解。此过程中媒体也发挥着重要的解释和引导作用。荆门石化将媒体视为联系公司与公众的桥梁和纽带，数次邀请多家媒体走进生产一线参观，极大地拉近了企业与媒体和公众的距离，并增强了投资者的信心。中国石化通过"请进来，走出去"的方式不断加强企业与投资者的沟通，2011 年参加资本市场会议 34 次，一对一小组会议 222 场，接待投资者来访超过 169 批次。这些举措获得了投资者的广泛好评，并为企业树立了良好的资本市场形象。通过绿色低碳物资采购策略引导供应商及承包商进行绿色转型,并主动提出带动其他企业加入中国可持续发展工商理事会这一组织。此举得到了行业内的广泛认可和好评,联合国全球契约组织总干事乔治·科尔(George Cole)也对荆门石化寄予厚望,希望企业能够带动其他企业一同实现可持续发展。

因此,荆门石化通过与社会网络多类型利益相关者的高强度密度互动,形成了对外部环境的情境认知,并获得了来自社会网络的多种资源,最终形成了企业的绿色行为。

三、国煤河南

1. 社会网络构成

国家开发投资公司由国务院国家资产管理委员会(简称国资委)所管理,在国内的投资涉及电力、煤炭、交通、物流以及高科技等几个实业领域,还广泛涉及金融及服务业、资产管理、咨询、物业等领域。基于公司广泛的业务以及国有资产背景,且与外界社会建立了长期的互动发展关系,仅参加社会团体组织就有42个,其中39家为国家部级组织协会。其社会网络如图4-12所示。

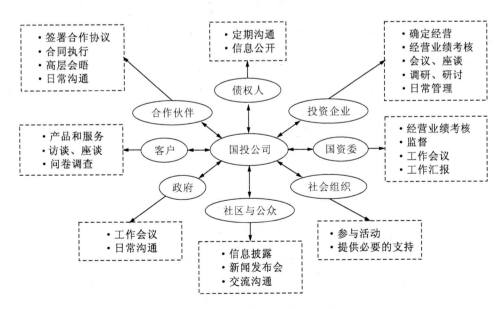

图 4-12 国投公司社会网络节点构成

资料来源:根据企业访谈资料绘制。

国煤河南为国投公司的全资子公司国投煤炭公司在河南设立的分公司，依托母公司强大丰富的社会网络以及地方资源优势，它在河南也形成了地方性质的社会网络(图4-13)。

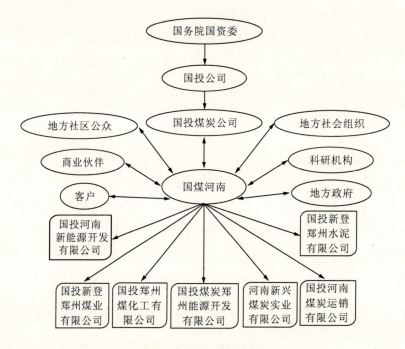

图4-13 国煤河南公司社会网络节点构成
资料来源：根据企业访谈资料绘制。

国煤河南下属管理的实体企业包括国投新登郑州煤业有限公司等7家公司，而这些企业均为独立运营多年的老企业，在被国投煤炭兼并收购前就已具有了较为完善的社会网络结构。自国煤河南接管后，这些公司逐渐将原有的社会网络与国投公司网络进行了合理融合，但在一定程度上保留着企业的自主经营权，如国投新登郑州煤业基本为自负盈亏，国投公司只提供部分支持，这样企业在较大程度上需要凭自身的努力探寻发展道路。

在企业发展过程中，国煤河南的领导层关注行业新项目及技术，充分发挥寻求合作的主动性，向行业优秀企业学习。中国建材研究院、中材国际天津水泥设计院等科研院所为企业工艺设备改造及技术引进提供了许多帮助。公司还与中国地质大学(北京)、中国矿业大学、河南理工大学等多所大学建立了合作关系并开展多方面的合作。此前还通过与河南理工大学联合办班的方式开展项目认证、技术生产培训,推荐工人参加行业技术交流会,每年对工人进行技术评估,并对煤矿使用的系统进行对标,工人素质大幅提升,充分激发了工人的创新能力。在建厂开矿过程中因占用农业用地,为周边社区带来了环境风险,国煤河南通过上门慰问和解决就业等方式逐渐形成了社区居民与企业相处融洽的氛围。在企业建设及经营过程中,先进技术的引进以及突出的环境治理表现也得到了当地政府的表扬鼓励和政策支持。

2. 绿色行为的形成

国投集团 2008 年提出了区域发展战略、协同发展战略、循环经济战略、"一流"战略、"走出去"战略,其中就包括了以"减量化、再利用、资源化"为原则,促进资源的高效利用和循环利用,实现可持续发展的循环经济战略。2009 年又专门增加了节能环保新能源战略,即在节能环保新能源领域加大投资,培育产业优势,拓展新的增长点。

国煤河南所管理的企业多由国家开发投资公司的全资子公司国投煤炭有限公司相继收购而来,因此融合了多家企业和国投煤炭公司的管理特点。如国煤河南所管理的新登郑州煤业始建于 1914 年,从小煤矿发展至今,1952 年经过改制成为国营煤矿,后经过多次扩张发展成为如今的国投新登郑州煤业有限公司。该矿区污染物以粉尘、洗煤废水以及煤矸石等固废为主。通过开采方式的不断变革升级,公司对井下用电设备进行节电改造,实现了开采源头的清洁生产,并提高了煤炭资源的回采率。此外,还通过精细化开采提高原煤利用率,并有效控制了开采成本。经过不同的发展历程,几家在豫煤炭及建材企业在国煤河南的管理下相互合作,有了良好的发展趋势。

随着煤炭资源日益减少,矿井开采深度加深,"三废"排放量也有所增加,这不仅污染了矿区环境,影响了员工生活质量,还增加了环境治理所造成的生产成本。国煤河南成立后,高度重视环保工作,坚持"低碳经济,绿色经济,循环经济"的发展理念,加大力度发展企业间循环经济,开展节能减排,致力于构建"资源节约型,环境友好型企业"。随着 2008 年新登水泥厂的投产,实现了一条连接能源行业和建材行业的循环产业链(图 4-14)。

3. 社会网络对绿色行为形成的影响

伴随着石油、天然气等清洁能源的广泛使用,电力行业普遍亏本,产热效

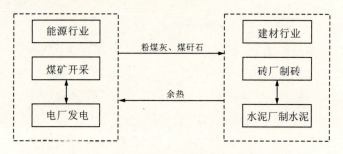

图 4-14 国煤河南循环产业链
资料来源：根据企业访谈资料绘制。

率较低的煤炭行业整体表现出不景气，煤价不断下跌，加之矿井安全保障和粉尘治污成本较高，相关煤炭企业环境规制要求更加严格，这些问题都使得国煤河南外部环境压力加剧。虽为国投公司下属企业，但国煤河南旗下多家煤矿基本上属于自负盈亏。为降低成本，企业必须另辟蹊径。国煤河南大力倡导在企业内部例行节约，资源循环利用，鼓励管辖企业间通过合作实现协同效应，形成了"煤—电—建"的循环经济产业链。如国投新登郑州煤业有限公司坚持"减量化"原则建立了绿色开采体系。通过生产资料的节约达到降低成本，提高效益以及保护环境的目的。国投新登郑州水泥有限公司积极采用高级工艺技术，高度重视节能减排、资源高效利用的环保工作，并成立了专门节能减排领导小组，开展固废转化为原料的技术攻关活动。

国煤河南高度关注行业新项目及技术，积极寻求外部合作，尤其在绿色技术方面，与多家权威科研设备机构达成合作，为企业循环经济工艺改造及绿色管理提供了丰富的经验和技术支持，也从行业协会中获得了人才培养的平台。

企业周边的社区也对企业形成了"绿色化"压力。国煤河南积极通过慰问和座谈会等方式形成了良好的企业社区环境，其中，国投新登郑州水泥有限公司的花园式工厂成为了众多资源型企业领导纷纷参观、取经的重要一站。全厂区自动化无尘无噪声的生产成为了同行业绿色生产的标杆，也得到了各界的认可和好评。

因此，在复杂而严峻的外部环境压力下，国煤河南积极开展企业间循环经济，获取了来自行业和政府、科研机构的技术和经验支持，并最终在企业经营中实践绿色行为，形成了"煤—电—建"一体化的良好循环经济产业链。

第五节 跨案例分析

一、社会网络构成及特点

企业的社会网络是企业利益相关者间的关系的集合,而这里的利益相关者不仅仅是指社会公众,而是任何影响企业经营目标实现或者被企业所影响的个体或群体(张台秋等,2012)。在企业环境保护方面,其利益相关者有着多个组成部分,其中,外部主要利益相关者主要指顾客和供应商,内部主要利益相关者包括员工、股东和金融机构,而媒体、竞争者和非盈利性组织是次要利益相关者,中央及地方政府部门和当地公众事务机构成为了管制利益相关者(杨德锋等,2009)。

基于前人的研究以及三家案例企业的内部分析,本书将主要研究对象——资源型企业的利益相关者进行了划分,即将与资源型企业经营管理相关的利益相关者划分为企业内部利益相关者、生产相关利益相关者以及其他行为利益相关者三类,如图 4-15 所示。

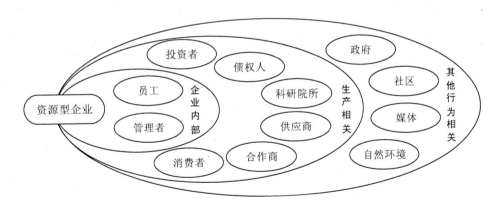

图 4-15 资源型企业利益相关者
资料来源:根据企业访谈资料绘制。

根据对案例企业利益相关者的研究,本书梳理出了相应的企业社会网络节点构成。三家案例企业的社会网络具有以下特点。

首先，三家企业同为资源型企业，表现出了高投入、高耗能、高污染的"三高"特点，较之其他类型企业的生产经营对当地环境更具威胁，因而需要投入更多的人、财、物与媒体和社区公众进行交流，需要进行及时的信息披露、建立高效的沟通机制，甚至需要制定紧急预案。

其次，案例企业都对所在地的财政税收及基础建设做出了贡献。如荆门石化成为荆门市化工循环经济产业园的主要企业，通过企业间合作有效带动了其他中小型化工企业的发展。基于企业从本地获取的大量不可再生资源，以及良好的收益和不断扩大的企业规模，几家企业都成为了缴税大户，兴发集团对兴山县的税收贡献甚至达到了60%，荆门石化2012年的上交税金位列湖北省国有企业的第四位。而据此，政府部门也给予了企业更多的帮助和关注，使双方建立了良好的合作关系，政府部门除了监督、管理、协调职能之外，也时常扮演着企业间或企业与研发机构间桥梁的服务角色。

再次，三家企业高度重视技术创新，致力于通过工艺设备改造、技术引进提高企业的市场竞争力，都与高等院校、科研机构建立了良好的合作关系，通过产学研进行科技成果转化，提高产品质量和资源综合利用率。

最后，企业面向各社会网络节点，积极地通过及时准确的信息发布，健全质量及服务管理体系，以及投身科教文卫公益事业等方式来提高知名度和信誉度，以追求良好的企业形象。而与此同时，这些社会网络节点也作为企业经营管理行为的利益相关者对企业形成了复杂丰富的影响作用。

案例企业的社会网络节点构成十分丰富，不仅包括了有直接经济往来的不同规模、不同行业的商业组织（供应商、客户等），还与许多非企业组织（高校、协会、科研机构、社区等）建立起了紧密的关系，且表现出与建立联系的大多数商业组织具有相似的价值取向，往来频繁，关系密切。网络密度即形容社会网络中各节点的联系状况的指标。几家案例企业在行业中均具有较强的话语权和影响力，尤其在产业园区中大都占有主导地位，起着引领园区发展的作用，显示出了其较强的网络中心性。网络中心性用以描述企业在社会网络的地位，Freeman（1997）用广泛度（degree）、密切度（closeness）和中介度（betweenness）作为测度网络中心性的指标，而网络中心性也被作为在描述社会网络结构方面最为重要的测度指标；网络异质性表示企业与不同类型的社会网络节点之间的联系情况，亦可以表示社会网络节点性质的复杂性（谢振东，2007）。而随着业务的扩展及规模的扩张，与企业有联系的社会网络节点也不仅限于本地，还涉及了许多省外甚至国外的组织机构，与案例企业建立紧密联系的组织机构的种类也明显增加，这体现出案例企业的社会网络具有较强的网络异质性。因此，几家企业的社会网络表现出了较好的社会网络结构特征，即社会网络的整体情况以及企业在网络中的地位，包括网络密度、网络中心性和网络异质性。

此外，许多社会网络节点与案例企业建立了长期的战略合作关系，并以较为稳定长效的入股、合资、法定契约等正式合作方式与重要合作伙伴建立关系，彼此相互信任支持，以互惠互利的规范展开合作。这都体现了社会网络的关系特征，即企业与社会网络其他节点的联系情况，包括关系强度、关系互惠性和关系稳定性。其中关系强度表示网络中节点组织间情感密切程度或互动频率的指标(Burt，1992)，主要是对互动时间、情感强度、密切程度和互惠行动四方面的描述，或为联系频率及感情亲近程度两方面(Marsden et al，1988；Burt，1992)。关系的互惠性主要表示建立联系的网络成员具有类似的行动目标或相互认同并信任，而通过合作促进双方的感情，遵守约定的规范。因此，这一指标主要通过网络成员间对规范的遵守、彼此信任和认同的程度来测度。而关系的稳定性为网络成员间的联系具有合作长期性和正式化的特点。

因此，根据以上分析，本书将案例企业的社会网络特征维度绘制如图4-16所示。

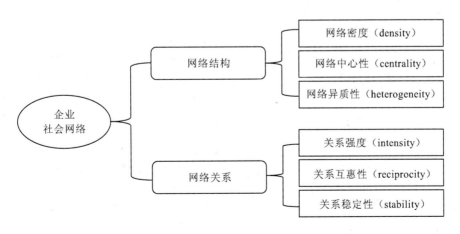

图4-16 社会网络维度划分

资料来源：根据企业访谈资料绘制。

二、企业管理者认知及资源获取

1. 企业管理者认知

企业的经营管理依赖于周围的环境,绿色意识的形成也源于对外部情境的判断,外部环境是企业认知行为的基础。案例企业受到了来自于企业外部的多种环境压力,企业面对这些压力形成了其对情境的认知和判断,如图4-17所示。

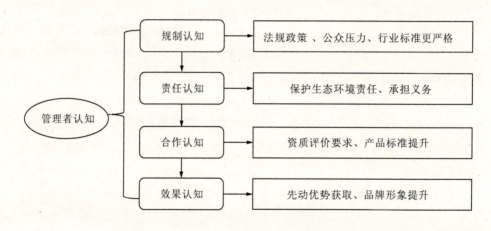

图4-17 管理者绿色认知内容

1)规制认知

从案例企业绿色行为形成过程来看,在绿色行为形成初期都受到了较强的政府环境法规的影响。企业普遍认为政府环境法规标准正在日趋完善,且政府部门对企业的定期检查、不定期抽查、关停并转等环境监管力度会更大。随着企业纷纷开展国际化发展战略,各国产品进出口的绿色贸易壁垒对企业发展的影响也会日趋严重。此外,雾霾天气及其他环境污染事件频发,公众维权意识逐渐提高,包括消费者、媒体、环境保护组织在内的社会公众对企业环境问题也更加关注。这些企业对外部环境变化的趋势判断都对企业高污染、高耗能、低效率的生产行为形成了巨大压力。政府的环境政策法规和加强环境行政管理的措施对于减少企业的污染排放水平和环境损失,改善企业环境行为有明显的影响作用(王宜虎等,2007),企业通过及时调整经营管理行为对政策法规予以回应。

社会的环境压力包括社区居民、媒体、行业协会、非政府组织等利益相关者通过各种途径造成的企业环境压力。而这几类人群给予的压力程度各有不同。作为工业企业的重要监督者，社会公众和媒体对几家案例企业给予了高度关注。新华社、人民日报、中央人民广播电台等权威媒体多次报道并持续关注几家案例企业的绿色生产行为和环境保护举措，也带动了公众对企业更加严格的监督行为。

2）责任认知

环境法律法规对企业及个人具有普遍约束力，并具有一定的强制性，体现了企业承担环境责任的必要性。作为经济社会的重要组成部分，企业负有保护环境和合理利用资源的责任，案例企业均在此方面有着突出的表现。如兴发集团地理位置敏感，集团高层领导高度重视生产对当地生态环境可能造成的威胁，提出了"安全和环保是企业的生命线"等理念，并对子公司表示"环保方面，要钱给钱，要人给人，按照全国样板打造"。此外，"安全和环保是企业的生命线"，"废物，是放错位置的资源"等理念已然成为企业文化的重要组织部分。中国石化提出，"环境是人类赖以生存的家园，保护环境就是保护人类自己"。中国石化集团董事长傅成玉也提出，"凡是环境保护需要的投资一分不少，凡是不符合环境保护的事一件不做，凡是污染和破坏环境带来的效益一分不要。"鼓励企业员工积极投入绿化环境，植树造林的工作中。国煤河南旗下的子公司通过与社区居民互动，了解居民环境诉求，大力实行粉尘收集循环利用，建设循环经济产业链，尤其是国投新登郑州水泥厂已成为了有名的花园式工厂。

无论是通过强制性地被动遵守相关法律法规，还是企业主动开展环保工作，都体现了企业对社会环境的责任承担。几家案例企业均主动承担了企业污染治理和社区环境优化的责任及义务。企业高层率先认识到循环经济和生态网络的重要性，从而积极推动了企业绿色战略的形成，案例企业针对员工的《环保责任书》等文件陆续出台，加之专门的安措费和环保费都推动了企业员工环保意识的不断提高。

3）效果认知

兴发集团某化工厂厂长认为，"循环经济做得好，成本就会越低，企业竞争力就会更强。"中国石化也提出开展可持续发展具有提高经营业绩、吸引人才和改善环境的潜在效益(图4-18)。随着社会各界对生态环境的日益重视,企业率先开展绿色经营管理可以从社会网络中获取三方面先动优势,并进一步增强企业的市场竞争力。

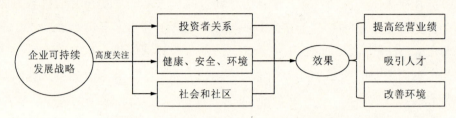

图4-18 中国石化可持续发展潜在效益
资料来源:根据中石化年报信息绘制。

首先,企业的环境表现是构成企业形象的重要元素。随着经济的发展,人们生活水平不断提高,对生活品质也有了更高的要求。许多高污染企业陆续被迫关闭,如国煤河南表示其企业所在地登封市已经撤下了许多高污染企业,对其他企业也起到了警示作用。国煤河南提出企业意识到环保投入是长期投资,长远来看对企业发展是有利的。企业的环境业绩影响着企业声誉,也从治污能力和高效生产的角度影响着外界对企业品牌实力的判断。

其次,消费者绿色偏好能够促进企业间合作和产品销量。消费者越来越重视产品的低碳和绿色健康,带有"绿色"标签的产品在市场中往往更受关注和青睐而获得产品附加值。几家案例企业均对供应商及合作伙伴设有较高的环境资质要求,其下游企业也对案例企业具有同样高标准的绿色工艺生产要求。如兴发集团对产品使用的包装物、原材料均要求达到绿色标准,对上游企业进行严格的资格审核。而其下游的宝洁、联合利华等知名企业也会定期对兴发集团的环境效益进行评估,结果直接影响企业间的战略合作。

最后,率先实践绿色行为的企业将获得更多机会。从前文案例分析中可以发现,在行业内实施绿色行为将在此领域产生竞争优势,相对而言更有机会参与政府或行业组织制定相关环境政策及标准,从而在行业准入条件、生产工艺、资源占有等多方面为潜在竞争者设置进入壁垒,以此提高企业竞争力,并同时推动行业整体发展水平的提高。

4)合作认知

在竞争日益激烈的市场环境中,同行业企业在竞争的同时也进行着交流与合作。企业之间也逐渐由简单的价格、产量和技术等方面的竞争关系转变为优势互补、协同发展、追求共赢的合作关系。因此，社会网络为企业提供了更多的合作机会，而内容也因企业绿色管理和绿色技术创新行为的出现开辟了全新的合作领域。

伴随着社会各界对资源型企业环保行为的日趋重视，行业协会或行业主管部门更加频繁地开展企业环境培训或达标审核活动。企业进行绿色转型形成趋势，陆续开展绿色生产管理活动，为社会各界达成合作提供了新的机遇，且不仅限于企业间。如国煤河南的企业领导主动引进新技术，企业与多所高校及行业协会实现了合作。又如2010年工信部组织200余人的企业代表团至兴发集团参观学习，尤其是绿色生产经营方面。作为行业协会的重要成员，三家案例企业定期参加协会活动并逐渐形成了协会企业的合作网络，在合作中吸收先进理念，尤其是在绿色技术创新方面的合作中优势互补。

高密度和强度的社会网络关系促进了资源型企业对利益相关者实现合作的预期。这与单纯的市场交易是不同的，通过社会网络意向合作的企业关注双方的长期利益，而避免了一次性合作的机会主义行为，同时也降低了交易成本，通常此类合作都伴随着网络节点组织的战略层面的共识。企业首先根据对市场的判断、对制度的理解、对竞争企业的观察形成对自身的压力和动力，在资源有限的条件下寻求合作，实现共赢。这一过程伴随着信息、人力、资本等资源在社会网络中的流动。合作在一定程度上替代或打破了固有的正式契约、制度和市场交易范式。然而，这一合作意向的产生乃至合作的最终实现都必须建立在充分了解和信息全面掌握的基础上，这就有赖于合作双方所在的社会网络性质。

2. 社会网络资源获取

企业在具有绿色意识后欲转换为绿色行为需要多种资源，而实际情况是企业无法做到完全自给自足，会在不同阶段受到了资金、智力和技术的约束，尤其是在绿色技术方面。伴随着社会网络合作关系的建立，利益相关者将为企业外部资源获取提供支持。社会网络间的联系强度、异质性及密度使节点间的关系存在不同，从而影响着流转过程中的信息、物资、情感等（郑准，2009）。而从对企业绿色行为形成过程的分析中也可以看出，社会网络是企业绿色行为实现的主要资源来源，企业通过与利益相关者建立联系，甚至达成合作,从而获取支持企业文化理念、经营管理思路、生产工艺改造、产品营销、市场发展现状的相关资源。社会网络资源主要包括资金、信息、技术以及其他设备工具、土地厂房、原料等生产资料。

1)信息获取

信息获取即企业通过社会网络来获取信息的功能(孙大鹏等,2010)。在市场竞争日益激烈的情况下,获取信息的数量、质量、成本以及速度对企业决策至关重要。案例企业与政府多部门的关系逐渐实现了从被监督到提供服务再到实现合作的转变。企业通过加强汇报制度以及对地方经济发展做出贡献进一步促进了政企双方的互惠互利。如荆门石化的废物回收处理即通过荆门市政府指定推荐或招标方式达成的合作,这不仅为企业节约了成本而且具有更高的可靠性。在政府的支持下,三家大型企业在政策信息获取上得到了明显的竞争优势,具有及时、丰富、低成本的特点。为及时了解企业环境污染情况,做到应对环境突发事件有备无患,兴发集团、荆门石化及国煤河南纷纷建立信息平台或成立监测站,对污染物排放进行在线监测,并与地方监管机构或集团总部信息平台相连。

丰富的社会网络节点为案例企业提供了多渠道、多类型、多内容的信息,因而网络异质性具有重要的作用(Aldrich et al,2001)。企业获取信息的途径多种多样,其中包括了公众所提供的重要支持。如 2011 年,中国石化专门对外聘请了 13 人担任企业社会监督员,职业涉及高校教师、消费者代表、金融从业者等多个领域的从业人员。企业赋予他们监督、意见反馈以及协助调查的权利,并建立长效沟通机制。荆门石化通过内部环保培训班及座谈会的形式与其他子公司进行交流和信息传递,并形成集团内部良性竞争,向环保工作先进单位看齐并力争荣誉。

竞争对手的技术研发速度及成果也直接影响着市场格局。作为行业多个协会的重要成员(会长级单位、常务理事级单位),案例企业能够更快地通过协会获取行业发展现状信息,并通过协会与国际权威组织机构建立的关系及时了解行业领先技术。案例企业也因具备常设的公关部门与不同类型的利益相关者建立的及时的沟通机制,企业通过及时向利益相关者公布企业信息能得到更多意见建议和合作咨询。

2)生产资料获取

企业生产资料包括支持企业具体生产行为的土地、厂房、工具及原料等基础物资。作为资源型企业,原矿资源是企业最为重要的原材料,与社会网络节点建立的良好关系促使案例企业能够更容易地获取地方采矿权,并具有丰富且稳定的多品位矿产品采购途径。如兴发集团基于它在湖北省工业发展的重要地位及规范经营管理,在磷矿资源大省湖北省的宜昌、襄阳、神农架多地建立了生产基地。在基地建设的过程中,其土地、水电设施及道路建设等方面都得到了地方政府的大力支持。又如荆门石化母公司于2010年与神华集团、中煤能源集团、武汉钢铁集团、沈阳鼓风机集团等我国重要的煤炭、钢材、设备生产制造企业签订了5年的战略合作,国投煤炭也与多个省市先后签订了战略合作协议,为获取矿产资源开采权及项目支持提供了保障,为企业稳定生产提供了重要的原材料和能源保障,同时具有及时性、安全性和经济性的特点,从而进一步提高了企业市场竞争力。

3)资金获取

在全社会大力支持企业绿色经营的形势下,资源型企业逐渐加大了在节能减排降耗工作中的工艺改造和管理、研发投入,而这都需要雄厚的资金实力予以支撑。尽管企业可以从生产利润中划拨一部分,但仍无法满足企业绿色转型所需的资金。基于良好的社会网络构建,几家案例企业具有获取环保资金难度小、途径多、金额大的特点。如国投公司于2006年与中国银行签订500亿美元合作协议,不仅为企业扩张或基建技改注入资金流,还进一步增强了投资者信心,提高了企业在资本市场的信誉度。2003年,兴发集团废水治理项目得到了国家主管部门的大力支持,其中就包括资金支持,并结合长江水利科学研究所、清华大学、武汉大学的共同参与,最终实现了工业废水零排放。2004年,兴发集团被列入国家第一批三峡库区的水污染重点治理项目,并获得国家给予的一次性补助几千万元,企业投入配套资金1.2亿元,从根本上改变了企业粗放型发展模式。不仅政府机构在资金方面为企业绿色行为提供支持,社会网络中的商业合作伙伴也成为了企业资金的主要来源。如2010年兴发集团与瓮福集团合作投资10亿元建设磷矿资源综合利用二期工程,建成后实现年消化315万吨中低品位磷矿,销售收入达到100亿元以上。与兴发集团不同的是,荆门石化与国煤河南在得到外部社会网络利益相关者的支持之外,也获得了来自集团总部的基建技改补助、技术研发奖励等方面的资金支持,因而,集团总部及其他子公司也成为了这两家案例企业获取资金的重要来源。

4)技术支持

丰富的社会网络关系为案例企业提供了多途径的交流平台,其中,企业多方利益相关者,尤其是商业合作伙伴及高校科研机构为企业购买使用生产设备和工艺节能减排改造,构建循环经济系统提供了重要的技术支持。

首先,企业通过社会网络关系能够更快地得到行业领先技术信息以促成其专利或技术的购买引进,同时可利用良好的企业信誉提高议价能力。其次,企业社会网络异质性及与同行业企业的紧密联系为企业间技术合作提供了更多机会。如兴发集团与翁福集团合作开发湿法磷酸精制磷矿伴生氟碘资源综合利用等项目,显著提高了磷矿资源综合利用水平,与华新集团合资建成60万吨磷渣烘干制作水泥熟料生产线,为企业循环经济的实施做出贡献,使固废利用率达到100%,并通过加长产品链为企业增加年均收益2000多万元。又如国煤河南旗下的国投新登郑州水泥的生产线所采用的新型干法窑外预分解生产工艺和装备,DCS全自动化管理系统就是由中国中材国际工程股份有限公司天津水泥设计院设计。

此外,企业以良好的绿色经营管理现状获取了较好的企业形象,从而为进一步吸引优质人才,促进企业高效生产和技术创新提供了智力基础。如兴发集团技术中心约有500名技术人员,通过引进技术、与科研院所合作、独立自主研发三法并行攻克技术难题,并与高等院校联合组建了"湖北省磷资源开发利用工程技术研究中心""博士后产业基地",为企业技术人才培养提供了专业的支持。

三、企业绿色行为的形成特点

基于工业发展的必然趋势和改善生态环境的需要,资源型企业逐渐改变了原有的粗放型发展模式,而转向资源的深加工和精加工,从高能耗、高污染、低效率转为资源高效利用和经济发展(孙凌宇,2012),形成了企业的绿色经营管理。资源型企业的绿色管理措施对企业的发展方向起到了重要的影响作用。从以经济效益最大化为目标逐渐转向了兼顾社会效益和环境效益的经营目标,在企业文化、组织架构、市场营销等多方面实施"绿色化"。本书所研究的案例企业均在较长时期的发展过程中形成了具有企业和行业特色的绿色行为。

作为盈利性组织,绿色行为能否为企业带来效益是其行为形成的主要原因。根据对几家案例企业的分析,可以发现企业绿色行为的形成都以追求经济效益、环境效益和社会效益为目标。首先,经济效益是企业绿色行为的首要目标:三家企业均提出了绿色行为在企业中的实践降低了生产成本。无论是企业内部还是企业间的循环经济都使废弃物被高效利用,不仅降低了治污费用还节约了部分原材料成本。此外还可降低环境污染处罚的风险,同时也伴随着前期环保设施及工艺的高投入。其次,环境效益是企业绿色行为的直观体现:通过循环经济、节能减排以及低碳战略,三家企业的"三废"排放量大幅降低,资源综合利用率显著提高。追求低耗能、低污染甚至零污染的环境效益已成为资源型企业必然追求的目标和不懈努力的源动力。最后,社会效益是企业绿色行为的隐性收益:三家企业的绿色经营管理为行业发展、当地财政、就业及基础设施建设作出了重要贡献,也在技术创新方面凸显了重要的地位,其绿色生产和绿色产品也为企业带来了良好的社会形象。因而,丰富的社会效益也成为了企业实践绿色经营管理所追求的目标之一。

此外,通过案例内分析可以发现三家企业的绿色行为形成都先由绿色管理开始,将企业绿色经营作为企业发展方向予以高度重视,注重环境品牌形象的塑造,并定期开展员工的环境意识、环境管理技能的培训,激发员工参加企业的环境管理实践活动的积极性,逐渐形成了企业绿色文化。案例企业均具备专门的环保部门,此类部门的职能职责多为环保政策的贯彻落实,HSE制度体系建设,相关资质认证评审,企业日常生产中的污染物排放监控检测,组织开展环保培训宣传等,且在企业组织架构中占有重要地位。作为实体企业,在生产加工过程中控制污染物排放、提高资源综合利用率、节约能源才是体现企业绿色管理水平的重要指标。在生产环节,企业着重考虑产品设计的节能降耗和循环利用等问题,并优先考虑使用可再生、易回收的材料,采用消耗低、污染轻、预防式的环境友好生产工艺,建立物料、废物循环系统,最终将绿色管理作为企业重要的发展战略。

在绿色战略文化和绿色生产达到一定水平时,企业致力于开展绿色技术创新。资源型企业间的竞争乃至全球工业发展的竞争都逐渐从资源的占有变成了技术创新实力的竞争。作为实体生产企业,尤其是以资源开采与加工为主营业务的资源型企业,具有更高的环境污染风险及资源浪费风险,因而绿色技术创新成为了企业行为的重要部分。近年来,随着不断进步的开采和加工技术,越来越多昔日难以开发利用的矿山得以开发,尾矿、粉煤灰、煤矸石等矿山废弃物也得到了有效利用。这不仅使得资源综合利用率大大提高,也同时对调整产业结构、改善环境、创造就业机会带来了良好的影响作用,绿色技术创新逐渐成为了企业重要的技术研发模块。目前,我国部分重要的矿产资源采选技术已经达到或接近世界先进水平。此外,矿产资源开采加工设备的智能化也大大提高了作业效率,促进了资源的高效利用。几家案例企业均得到了多种绿色技术支持,通过高水平的人、财、物的投入,产生了众多企业自主创新的绿色技术并得到广泛应用,进一步推动了企业环境效益和经济效益的双赢。

通过以上分析,结合文献相关研究,可将企业的绿色行为视作由绿色管理和绿色技术创新两部分构成(图 4-19),且存在先后关系。一般表现为企业绿色管理进入较为成熟的阶段,绿色意识在企业中更加深化,企业财力智力资本积累到一定程度就会开始进行以提升企业核心竞争力为目标的企业绿色技术自主创新。

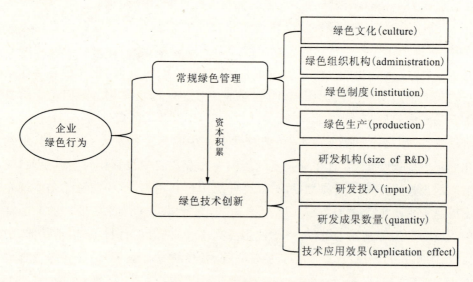

图 4-19 企业绿色行为构成

根据前文的分析,可以发现社会网络将企业的利益相关者通过不同方式联系到了一起,这些联系对企业的行为产生了不同程度的影响。企业因环境问题导致的失败,往往由于缺乏对利益相关者的利益、知识和特征等的重视(杨静等,2012)。而三家案例企业所构建的社会网络在结构维度和关系维度特性方面有着良好的表现。

四、社会网络对企业绿色行为影响效果的差异

尽管社会网络能够通过情境认知和资源获取影响资源型企业的绿色行为形成，但影响的效果却不尽相同，而造成这部分差异的原因主要在于企业的属性。

首先，兴发集团与荆门石化均为化工类企业，因其衍生产品多，用途广泛，企业形成了种类丰富的产品产业链。较长的产品链促使企业能够在内部通过工艺改造形成产品生产的循环经济，从而使生产 A 产品的废弃物作为生产 B 产品的原材料，这部分例证已在前文中介绍。国煤河南主要经营煤炭的开采洗选，其产品种类局限于煤炭的品位，并在洗选后直接用于燃料销售，因此不能根据产品链而形成理想的较长循环经济产业链，而必须思考跨行业的循环经济，如将其煤矸石、热能用于制砖、发电等，但仍显得十分局限。因此，企业所在行业或者说其产品链的长短影响着企业绿色行为的效果。

其次，可以看出，荆门石化和国煤河南受到来自母公司和当地环境的两种社会网络影响，尤其在技术、资金和企业战略方面，较大程度地受到母公司的影响，自主性相对兴发集团较弱。但事实上，在日常经营过程中，规模庞大的中国石油化工集团与国投煤炭有限公司并不能完全照顾到旗下的每个分公司和子公司，项目申报和建设需要多方报批和审核，子公司间也因此存在着竞争关系，这在一定程度上限制着企业绿色行为的实践。然而，母公司的强大影响力也为企业带来了雄厚的技术保障和良好的合作信誉，这一方面又促进了企业绿色行为的实践。

再次，从前文的分析可知，资源型企业的绿色行为实践具有前期高投入、低经济效益回报的特点，尤其在技术方面，需要高成本投入，绿色工艺改造也是牵一发动全身。企业规模较大的企业不仅具有自身雄厚的资金实力或能够获得来自社会网络的大量资金，还能够通过形成规模经济降低绿色行为的平均成本。

另外，所在行业的绿色化程度也影响着企业的绿色行为形成。因为行业发展的情况体现了前沿技术的研发使用情况，仅凭企业有绿色意识而不具备技术条件也无法形成绿色行为。此外，行业对绿色经营的重视程度也影响着企业对自身经营方面的判断，对企业的绿色经营形成相当程度的压力，能够有

效促进企业加大绿色投入,获取竞争优势。

最后,企业的体制在一定程度上影响着绿色行为的形成。在中国特殊的政治环境下,不可再生资源在经济、政治、军事等领域具有重要的战略地位,国家对企业采矿权的获得也相当重视。资源型企业以资源独占为优势,如何获取政府相关部门的信任,获得采矿权、经营权至关重要。也正因如此,我国大部分资源型企业具有国有体制特征。案例中的三家资源型企业也均表现出了这一特点。

因此可见,企业属性影响着企业对社会网络的情境认知程度,也影响着企业从社会网络中获取资源的能力,进而影响企业绿色行为的形成效果。

第六节 案例研究结论

一、命题验证与文献对话

本章提出了社会网络对资源型企业绿色行为形成影响模型,并提出了命题假设:管理者认知和资源获取在社会网络对企业绿色行为形成过程中具有的中介作用。

1. 管理者认知的中介效应

经过对典型案例企业的分析,可以看出,案例企业丰富的社会网络形成了企业经营的外部环境,并直接影响着企业管理者对情境的认知过程,使企业对政府、公众及行业的环境压力作出预期,促使企业形成承担保护生态环境责任的意识,从而作出未来资源型企业开展绿色经营管理是必然趋势的判断。社会网络节点通过频繁的互动和建立信任达到相互依赖的合作关系(谢洪明等,2007),尤其是在分摊庞大数额研发费用,应对市场激烈竞争方面的合作(谢振东,2007),进而激发企业创新行为和管理行为。企业社会关系网络的核心是信任(李正彪,2005)。社会网络是企业合作的网络,为企业间合作提供了信任关系,进而会因相互信任及互惠条件,以降低交易成本、效益最大化为目的产生合作意向,或通过交流沟通相互模仿学习,并为合作者创造更大价值。社会网络间的联系频繁并长久,会增进彼此间的信任,从而形成强联系,会为合作提供稳定性保障(符正平等,2008)。而企业率先形成绿色行为将获得先动优势,在品牌形象提升、实现合作、参与行业标准制定、降低生产成本等多个方面提升企业竞争力。事实上,企业在与社会网络利益相关者的联系下形成对情境的认知过程即企业绿色意识形成的过程,是企业绿色行为形成的必然前提。张劲松(2008)直接将企业绿色行为定义为面对外部环境而采取的战略和生产调整措施手段的总称,并提出企业绿色行为的形成是企业将由公众承担的环境成本转换为自身责任承担的过程。基于案例企业的分析,企业在绿色行为形成初期均受到了严格的环境规制和公众监督、市场竞争的影响。若没有情境认知,企业无法在欠缺对环境、政策、市场条件了解的情况下作出主动实施绿色行为的决策。

因此,本书所提出有关管理者认知的假设命题 P1 和 P2 得到了验证,并进一步得出结论:管理者认知在企业社会网络对其绿色行为形成影响过程中起到了显著的中介作用。

2. 资源获取的中介效应

作为社会元素之一的企业如同人类个体一样,无法脱离外在环境实现自给自足,尤其是依赖于资源独占和技术进步实现企业生存和发展的资源型企业,在原矿开采到产品设计、加工、运输、营销过程中需要多种资源的投入方能运行。从典型案例企业的分析中可以看出,在企业绿色意识到具体绿色行为的实践过程中,企业通过与社会网络利益相关者紧密的联系获取了大量信息、资金、技术和生产资料,为企业绿色行为形成提供了资源保障。谢洪明和刘少川(2007)也认为,企业社会网络包含了产业链上游、下游、竞争企业、科研、金融机构及其他相关机构,并存在着研发、生产、管理等多类型资源或信息的互动关系。个人或组织可以通过社会网络传递传导调动稀缺资源作用到每个网络节点(李久鑫等,2002)。除了获取多种资源之外,企业社会网络还可通过资源的相互依赖和互补性达到降低交易成本的效果(谢洪明等,2007),进而提高企业竞争力。黎晓燕和井润田(2007)提出企业与利益相关者联系紧密程度也与企业创新来源、方式以及速度存在正相关关系,创新能力也是企业社会网络给予企业最重要的资源之一(谢振东,2007)。不仅如此,社会网络还具有知识传播的功能,将一些隐性知识(如营销和管理等经验)在网络中扩散从而形成企业的知识积累最终转化为企业经营管理的智力资本,影响企业行为的形成(谢振东,2007),并且网络关系的强度越强,企业则更容易将社会网络资源内化(符正平等,2008)。若没有从社会网络获取的资源,企业将无法仅凭意念而无行动资源的情况下实践绿色行为,也将无法通过工艺改造、设备更新、技术提高实现企业经济效益、社会效益、环境效益三赢的发展目标。

因此,本书所提出有关资源获取的假设命题 P3 和 P4 得到了验证,并进一步得出结论:资源获取在企业社会网络对其绿色行为形成影响过程中起到了显著的中介作用。

3. 企业属性的调节效应

几家案例企业经过较长时间的发展和资本积累,都具有相当的企业规模,从而具有相对科学合理的组织架构、丰富正规的企业文化、健全完善的规章制度,并具有明确的发展战略和管理流程,这些都影响着企业对外部环境信息的搜集、筛选和吸收的效果,也影响着企业获得资源的数量、质量和速度。同样的,企业规模的扩张和良好的发展也依赖于其社会网络的扩张(符正平等,2008)。基于我国特有的经济体制,资源型企业往往具有重要的政治经济军事地位,案例企业均有国家管理背景,而企业体制因素也影响着利益相关者对企业市场地位、企业形象以及信誉度的判断,从而在一定程度上影响了企业获取资源,尤其是从政府机构获取的政策、资金和技术支持资源,也影响着企业对市场走势和政策变化、优势获取等方面的判断。如荆门石化与兴发集团同为化工行业,受到社会网络影响的程度就有所不同,荆门石化更多地受到了来自地方和集团总公司以及集团内部子公司间的网络影响,而兴发集团为地方政府控股,更多地受到了本地社会网络的影响。郑准(2009)指出,小规模的关系网络的网络强度往往大于大规模关系网络,所以荆门石化更多的资源来源于中国石化集团网络。因此,笔者认为企业规模和企业体质都在社会网络对管理者认知和资源获取的影响过程中起到了一定的调节作用。

二、模型的修正

在文献探索和案例研究的基础上,本书对所构建的模型进行修正,并对社会网络、管理者认知、资源获取及企业绿色行为进行了内容细化,最终得出了社会网络对资源型企业绿色行为形成的影响模型。社会网络通过管理者认知与资源获取两个中介变量对企业绿色行为的绿色管理行为和绿色技术创新行为的形成具有影响作用,而企业属性在社会网络对管理者认知和资源获取的影响过程中起到了调解作用(图4-20)。

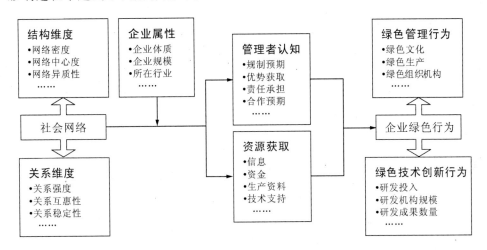

图4-20 社会网络与企业绿色行为关系模型

第七节 本章小结

本章主要通过实地问卷调查和访谈等方式,以兴发集团、荆门石化及国煤河南三家资源型企业为研究对象展开深入案例分析。案例内分析从社会网络构成、绿色行为形成过程、社会网络对绿色行为形成的影响三个方面,沿着企业发展动态实证剖析了案例中资源型企业绿色行为的逻辑脉络;通过跨案例分析归纳总结了资源型企业社会网络构成及特点,企业管理者认知(规制认知、责任认知、效果认知),社会网络资源获取,资源型企业绿色行为的形成特点。

在文献分析、理论探讨与案例分解相互融合的基础上,本章提出了社会网络对资源型企业绿色行为形成影响模型,并提出了命题假设:管理者认知和资源获取在社会网络对企业绿色行为形成过程中的具有中介作用,即管理者认知、资源获取的中介效应,并最终对所构建的模型进行修正,细化了社会网络、管理者认知、资源获取及企业绿色行为的研究内容,认定企业属性在社会网络对管理者认知和资源获取的影响过程中起到了调解作用,构建了社会网络对资源型企业绿色行为形成的影响模型。

第五章 社会网络与资源型企业绿色行为关系模型的大样本实证检验

本章主要在前一章进行文献与案例交互分析对研究命题再次完善的基础上,借鉴和结合了国内外一系列研究成果,最终主要从企业社会网络结构、企业社会网络关系、管理者认知、资源获取、企业常规环境管理行为和企业环境技术创新行为 6 个维度,使用李克特 5 级量表设计了封闭式调研问卷,调研了我国东、中、西三大地域,15 个省份的资源型企业,在通过对 200 多份有效问卷数据分析,并在检验问卷各维度结构可靠和数据信效度符合统计学实证意义前提下,进行了总体模型和模型分路径研究假设检验,并针对资源型企业特征变量进行了多群组分析,实证检验了社会网络、管理者认知、外部资源获取如何和怎样影响资源型企业绿色行为形成机制的研究框架是否显著成立。

第一节 量表开发

根据假设模型的需要,本书设计的量表主要包括企业绿色行为、社会网络和管理者认知、资源获取 4 个部分,量表中项目的开发是基于文献研究和案例研究自行设计的。本书采用 Likert 5 级量表,1 代表"完全不同意",5 代表"完全同意",1~5 表示同意程度依次递增。为了检验具有不同属性的企业在绿色行为表现上是否具有差异,量表同时选取了 3 个特征变量,分别为企业规模、企业类型、所属行业。为了更加适应企业绿色行为现状,我们对湖北省的 20 多家资源型企业进行预调查,根据企业的反馈,以及对量表的信、效度进行初步检验后,又删除了一些不可靠的题项,修改了一些题项的语言表达,形成本书的最终量表,见表 5-1。

表 5-1 测量量表

测量变量	题项数	题项内容	依据或来源
企业社会网络结构	6	在同行业中,企业与更多的商业组织(供应商、客户等)建立了联系; 在同行业中,企业与更多的非盈利组织团体(政府机构、行业协会、民间团体等)建立了联系; 产业园区中或行业中多数组织及单位是企业的合作伙伴; 企业在本行业内处于支配地位; 企业与大量非本行业的企业存在合作关系; 企业与大量非企业组织(高校、协会、科研机构、社区等)具有合作关系	Salman 等,2005; Beckman et al,2002
企业社会网络关系	7	在同行业中,企业与建立联系的组织及单位关系较为密切; 企业与合作伙伴的合作很频繁; 企业能够快速地得到合作伙伴的帮助; 企业与合作的组织及单位双方都能够遵守互惠规范; 企业与合作的组织及单位双方能够相互信任; 企业与多数合作的企业(供应商、客户)具有长期合作关系; 企业与其他关联组织(政府部门、行业协会、中介咨询机构)具有长期有效的联系	Gilsing 等,2005; McEvily et al,2003
管理者认知	12	目前环境污染非常严重; 环境污染将影响人的健康及人类生存; 政府环境法规标准日趋完善且监管力度日趋严厉; 企业必须接受并自觉遵守政府环境法规标准; 企业必须承担资源环境保护的社会责任; 企业产品的环境相容性能为企业带来竞争优势; 环境业绩决定了企业的声誉和品牌实力; 本行业内多数企业也会开展绿色生产管理活动; 行业协会或行业主管部门会统一开展环境培训(达标)活动; 同行业中的企业之间将会增加在环境技术创新方面的合作; 供应链企业对绿色企业具有选择偏好; 消费者对绿色企业的产品具有选择偏好	彭远春,2015; 周曙东,2012; Yli-Renko et al,2001

续表 5-1

测量变量	题项数	题项内容	依据或来源
资源获取	5	企业能够获取丰富的环境保护相关信息； 企业获取环保资金的难度较小； 企业比较容易聘请有环保工作经验的员工； 企业能够购买环保设备或技术； 企业能够合作开发环保技术	单标安等，2013； 丁洋等，2013
企业常规绿色管理行为	5	企业定期开展员工的环境意识、环境管理技能的培训； 企业内部存在专门分管环境工作的部门或机构； 企业环境管理部门具有环境保护专家职位（如环保专员）； 目前企业的环境制度比较完善； 企业内环境保护制度的执行力很强	周曙东，2012
企业绿色技术创新行为	5	企业在设计产品时考虑了节能降耗和循环利用等问题； 企业选择生产材料时优先考虑可再生、易回收的材料； 企业在生产过程中建立了物料、废物循环系统； 企业采用消耗低、污染轻、预防式的环境友好生产工艺； 企业环境技术研发占企业 R&D 经费比重较大	周曙东，2012； 杨启航，2013

第二节　数据收集及描述

一、数据来源

本调查问卷发放范围覆盖我国东、中、西部 15 个省份，主要集中在湖北、河南、浙江、宁夏、甘肃等地，面向这些地区资源型企业的环境保护、节能减排、资源综合利用相关职能部门负责人发放。由于资源型企业对资源环境影响较大，因此本研究选取了分布于全国各省的一些资源型企业作为正式调研的对象。调查时间为 2014 年 6 月至 2014 年 11 月。主要采取发送电子问卷、电话访问及访问员去企业实地调研的方式。每家企业发放 1 份问卷，共发放问卷 2000 份，回收问卷 230 份，其中，11 份问卷由于数据缺失较多被视为无效问卷,有效问卷 219 份,问卷有效回收率为 10.95%。

二、数据基本统计分析

为了便于对数据进行多群组分析,笔者对样本的特征变量进行了初步的描述性统计,样本的基本信息见表 5-2。被调查对象所在企业规模类型,小型和大中型企业各占比例约为 41.1%、58.9%;企业类型方面分别为民营 66.7%,国有及其他 33.3%(表 5-2),分布于 13 个行业,其中比重最高的是化学原料及化学制品制造业(42.9%),其次是金属冶炼及压延加工业(20.5%)、煤炭开采和洗选业(8.2%)等(表 5-3)。由此可见,从被调查对象所在企业的规模、类型、行业来看,本次调查结果对本研究主题而言具有较强的典型性和代表性。

表 5-2 样本的基本信息

变量	类别	样本数/个	比例/%
企业规模	小型	90	41.1
	大中型	129	58.9
企业性质	民营	146	66.7
	国有及其他	73	33.3
所属行业	金属、非金属采选业	60	27.4
	化学原料及化学制品制造业	94	42.9
	金属冶炼及加工业	45	20.5
	石油、天然气加工业及其他供应业	20	9.1

1. 组织机构方面

资源型企业绿色发展首先体现在组织结构上是否有专门部门、专业人员开展企业的环保、资源节约及集约利用工作。被调查的资源型企业中 68.9% 的企业有专门分管环境工作的部门,60.3% 的企业中环保部门有较高的地位,42.3% 的企业环保部门具有环保专业人员。由此可见,大多数资源型企业在管理上还是比较重视环保、资源的节约和集约利用,但同时问题也很明显,还有 31.1% 企业没有专门的环保管理机构,57.7% 的企业没有环保专业人员,

16.9%的企业环保部门在公司地位很低。从描述性统计量来看（表5-4），组织保障方面均值都小于4，标准差都大于1，说明资源型企业在环保组织保障方面存在较大的差异，且总体上还有待加强。

表5-3 被调查企业行业分布

行业	频率	百分比
石油和天然气开采业	9	4.1
煤炭开采和洗选业	18	8.2
金属矿采选业	17	7.8
非金属采选业	10	4.6
其他采矿业	15	6.8
石油加工及炼焦业	6	2.7
金属冶炼及压延加工业	45	20.6
化学原料及化学制品制造业	94	42.9
电力、热力的生产和供应业	5	2.3
合计	219	100.0

2. 管理制度方面

资源型企业的绿色发展需要相应的制度来规范和保障。被调查的资源型企业认为目前环境制度比较完善的有73.1%、一般的有16.4%、不完善的有10.5%；认为企业环保制度执行好的有64%、一般的有21%、差的有14%；环境制度在企业战略规划中的优先程度高的有66.2%、一般的有22.8%、低的有11%。可见，大多数被调查资源型企业在环保制度建设、执行方面总体上还是比较好的，有少数企业仍需加强。从描述性统计量来看（表5-4），企业环保制度比较完善，但环保制度的建设和执行还有待提高。

3. 企业文化方面

资源型企业的绿色发展需要落实到企业生产经营全过程，需要全员参与，因此，环保工作需要绿色企业文化支持。调查发现，被调查资源型企业将环境保护纳入了企业目标体系的有 84.5%、注重企业环保形象的有 80.4%、定期开展员工的环境意识和环境管理技能培训的有 70.3%、员工能积极参加企业环境管理实践活动有 69.4%。可见，大多数资源型企业注重绿色企业文化的培育，将环保纳入日常管理活动，实行目标管理，但仍然有少部分企业绿色意识不强，没有切实开展环保工作。从描述性统计量来看（表5-4），资源型企业在绿色意识上较强，将环保纳入企业的日常活动，注重企业环保形象，但是员工的绿色意识及相关技能还有待提高。

4. 生产体系方面

生产体系的科学性、先进性是企业绿色发展的关键。调查发现，资源型企业在生产设计时考虑了节能降耗和循环利用等问题的有 83.5%，选择生产材料时优先考虑可再生、易回收材料的有 77.6%，企业在生产过程中建立了物料、废物循环系统的有 79.4%，采用环境友好生产工艺有 80.8%，可见，资源型企业比较重视生产体系的绿色化，大多数企业在生产设计、供应商选择、生产流程优化、生产工艺选择等方面都积极开展相关工作，少数企业在这些方面仍需加强。从描述性统计量来看（表5-4），资源型企业在设计、生产过程中比较注意资源节约和环境保护，与其他方面的行为比较，资源型企业在生产体系绿色化上最为积极。

表5-4 指标及题项的描述性统计情况

指标	题项	均值	标准差
组织保障方面	企业内部存在专门分管环境工作的部门或机构	3.91	1.255
	环境管理部门在企业组织结构中的地位很高	3.71	1.218
	企业环境管理部门具有环境保护专业人员	3.32	1.329
制度保障方面	目前企业的环境制度比较完善	4.03	1.077
	环境制度在企业战略规划中的优先程度很高	3.86	1.062
	企业内环境保护制度的执行力很强	3.82	1.127

续表 5-4

指标	题项	均值	标准差
环保意识方面	企业将环境保护纳入了企业目标体系	4.44	1.023
	企业注重环境保护形象的塑造	4.27	1.034
	企业定期开展员工的环境意识、环境管理技能的培训	3.98	1.143
	企业员工能积极参加企业的环境管理实践活动	3.93	1.106
清洁生产的相关方面	企业在设计产品时考虑了节能降耗和循环利用等问题	4.38	0.908
	企业选择生产材料时优先考虑可再生、易回收的材料	4.23	1.003
	企业在生产过程中建立了物料、废物循环系统	4.25	0.959
	企业采用消耗低、污染轻、预防式的环境友好生产工艺	4.28	0.953
绿色技术创新投入及成果	企业绿色技术研发占企业 R&D 经费比重较大	3.44	1.278
	在同行业中,企业研发机构的工作人员人数较多	3.58	1.229
	在同行业中,企业每年自主研发的绿色技术数量较多	3.11	1.292
	在同行业中,企业每年合作研发的绿色技术数量较多	3.13	1.318

5. 技术创新方面

企业绿色发展往往受到技术瓶颈的制约,因此,企业技术创新特别是绿色技术创新应该成为企业的基本活动之一。调查发现,资源型企业中绿色技术研发占企业 R&D 经费比重较大的有 51.6%、一般的有 23.3%、很低的有 25.1%;企业外派学习绿色技术人员数量较多的占 37%、一般的占 35%、很少的占 28%;在同行业中企业每年研发绿色技术数量较多的占 42.5%、一般的占 25.5%、很少和没有的占 32%。可见,大多数资源型企业在绿色技术创新方面工作开展还不够。从描述性统计量来看(表 5-4),资源型企业在绿色技术创新的投入和产出明显不足,且企业之间差异较大。因此,资源型企业绿色技术创新还需要在资金投入、交流合作、成果及应用等方面有大幅度提升。

第三节 量表信度与效度分析

以每一个变量为一阶因子,进行验证性因子分析来检验模型的信度、效度。一阶因子基础上的验证性因子分析结果显示:模型拟合指数均达到理想水平,表明研究模型与样本数据整体的拟合程度理想。各变量的 Cronbach's α 均大于 0.800,表明问卷调查结果具有较好的信度。各题项的因子载荷在 0.732~0.921 之间,AVE 值大于 0.6(表 5-5),其平方根均大于交叉变量的相关系数(表 5-6),表明所有变量具有较好的收敛效度。

表 5-5　一阶因子基础上的验证性因子分析

变量	标准化载荷	AVE	Cronbach's α	组合信度
企业社会网络结构	0.732~0.921	0.704	0.815	0.934
企业社会网络关系	0.799~0.920	0.764	0.884	0.958
企业管理者认知	0.853~0.902	0.767	0.840	0.929
企业资源获取	0.861~0.907	0.774	0.884	0.932
企业常规绿色管理行为	0.776~0.886	0.677	0.911	0.912
企业绿色技术创新行为	0.788~0.913	0.747	0.877	0.936
模型拟合度指数	\multicolumn{4}{l}{$X^2/df=2.674$, RMR$=0.051$, GFI$=0.957$, NFI$=0.881$, CFI$=0.929$, RMSEA$=0.013$}

第四节 共同方法偏差检验

共同方法偏差是问卷调查过程中容易出现的问题,本书运用分离标签(marker variable)方法进行验证。采用这种方法的原因在于,在无法确定哪些因素是共同方法偏差来源的情况下,该方法可以较为全面地分析可能存在的偏差。根据相关矩阵(表 5-6),选择系数最低的一项(网络结构与绿色技术创新行为的相关系数为 0.469)计算每个变量的偏相关系数,并进行 T 检验。观察结果表明,与相关系数相比,模型变量的偏相关系数均没有发生显著变化(系数平均差距为 $\Delta r<0.14, p>0.05$),表明共同方法偏差不显著,问卷调查结果与实际情况相符,可用于研究分析。

表 5-6 区别效度检验结果

	网络结构	网络关系	管理者认知	资源获取	常规绿色管理行为	绿色技术创新行为
网络结构	0.839					
网络关系	0.813	0.874				
管理者认知	0.627	0.766	0.876			
资源获取	0.632	0.532	0.601	0.880		
常规绿色管理行为	0.589	0.534	0.627	0.641	0.823	
绿色技术创新行为	0.469	0.540	0.646	0.545	0.764	0.864

注:对角线上的数据为各潜变量 AVE 值的算术平方根,对角线以下的数据为各潜变量间的相关系数。

第五节 研究假设检验

一、总体模型的研究假设检验

以资源型企业社会网络作为外生潜变量,以资源型企业管理者认知、资源型企业资源获取、资源型企业绿色行为作为内生潜变量进行总体模型的运算,以识别资源型企业的社会网络、管理者认知和资源获取影响企业绿色行为的路径。经 AMOS17.0 检验,模型的 CMIN/DF=2.945,小于标准值 3;绝对适配度指数 RMSEA=0.078,小于标准值 0.08;简约适配度指数 PNFI=0.676,大于标准值 0.5,以上指标均达到理想水平,表明适合用此模型进行研究假设的验证与分析。

总体模型输出结果显示(表 5-7):5 条总路径的临界比均大于标准值 1.96,达到显著性水平,总假设全部获得支持。其中,资源型企业社会网络对管理者认知和资源获取的标准化估计值分别为 0.650 和 0.628,说明资源型企业社会网络对管理者认知和资源获取有较为显著的影响,资源获取对绿色行为的影响较管理者认知对绿色行为的影响更强(0.460>0.195)。此外,资源型企业社会网络对其绿色行为的影响也较为显著。由此可以看出,资源型企业社会网络不仅会通过资源型企业管理者认知和资源获取间接影响其绿色行为,资源型企业社会网络还会直接影响其绿色行为,这说明,资源型企业管理者认知和资源获取在资源型企业社会网络对资源型企业绿色行为的正向影响中起部分中介作用。

表 5-7 总体模型的研究假设验证结果

作用路径	标准化估计值	临界比	显著性	结论
H_1:资源型企业社会网络→资源型企业管理者认知	0.650	8.803	***	支持
H_2:资源型企业社会网络→资源型企业资源获取	0.628	8.838	***	支持
H_3:资源型企业管理者认知→资源型企业绿色行为	0.195	2.668	0.008	支持
H_4:资源型企业资源获取→资源型企业绿色行为	0.460	5.334	***	支持
H_5:资源型企业社会网络→资源型企业绿色行为	0.271	3.196	0.001	支持

二、模型的分路径研究假设检验

为了进一步探究资源型企业绿色行为的形成机制,本书将资源型企业社会网络、绿色行为分别分为两个维度,即以资源型企业社会网络结构和社会网络关系作为外生潜变量,以资源型企业管理者认知、资源获取、常规绿色管理行为、绿色技术创新作为内生潜变量进行全模型运算。经 AMOS17.0 检验,模型的 CMIN/DF=2.980,小于标准值 3;绝对适配度指数 RMSEA=0.080,等于标准值 0.08;简约适配度指数 PNFI=0.668,大于标准值 0.5,以上指标除绝对适配度指数 RMSEA 表现一般外,其余指数均达到理想水平,表明适合用此模型进行研究假设的验证与分析。所有分路径的临界比均大于标准值 1.96,达到显著水平,假设被接受。全模型具体路径图如图 5-1 所示。

根据图 5-1 中的路径系数计算了模型中各潜变量的直接效应、间接效应和总效应,结果见表 5-8。由此可以看出,资源型企业社会网络结构和网络关系不仅对企业常规绿色管理行为和绿色技术创新产生直接影响,还通过资源型企业管理者认知和资源获取对企业常规绿色管理行为和绿色技术创新产生

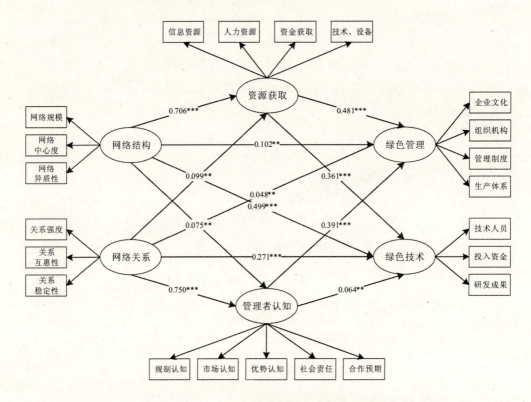

图 5-1 模型的整体路径图

注：*表示 $p<0.05$；**表示 $p<0.01$；***表示 $p<0.001$。

间接影响。资源型企业常规社会网络结构对资源型企业绿色管理行为的直接影响小于通过管理者认知和资源获取的间接影响，资源型企业社会网络结构对企业绿色技术创新的直接影响大于其间接影响；资源型企业社会网络关系对常规绿色管理行为的直接影响小于其间接影响，资源型企业社会网络关系对绿色技术创新的直接影响大于其间接影响，也就是说，无论是资源型企业社会网络结构还是网络关系，对于常规绿色管理行为都是直接影响小于间接影响，对于绿色技术创新都是直接影响大于间接影响。此外，资源型企业社会网络结构对于常规绿色管理行为和绿色技术创新的总效应均大于社会关系的影响，这说明资源型企业社会网络结构对资源型企业常规绿色管理行为和绿色技术创新影响的总效益最大，是关键变量。

表 5-8 模型各潜变量之间的直接效应、间接效应和总效应

变量关系	直接效应	间接效应	总效应
H_{1a}:资源型企业社会网络结构→资源型企业管理者认知	0.075	—	0.075
H_{1b}:资源型企业社会网络关系→资源型企业管理者认知	0.750	—	0.750
H_{2a}:资源型企业社会网络结构→资源型企业资源获取	0.706	—	0.706
H_{2b}:资源型企业社会网络关系→资源型企业资源获取	0.099	—	0.099
H_{3a}:资源型企业管理者认知→资源型企业常规绿色管理行为	0.391	—	0.391
H_{3b}:资源型企业管理者认知→资源型企业绿色技术创新行为	0.064	—	0.064
H_{4a}:资源型企业资源获取→资源型企业常规绿色管理行为	0.481	—	0.481
H_{4b}:资源型企业资源获取→资源型企业常规技术创新行为	0.361	—	0.361
H_{5a}:资源型企业社会网络结构→资源型企业常规绿色管理行为	0.102	0.369	0.471
H_{5b}:资源型企业社会网络结构→资源型企业绿色技术创新行为	0.499	0.260	0.759
H_{5c}:资源型企业社会网络关系→资源型企业常规绿色管理行为	0.048	0.341	0.389
H_{5d}:资源型企业社会网络关系→资源型企业绿色技术创新行为	0.271	0.084	0.355

三、基于资源型企业特征变量的多群组分析

多群组结构方程分析在于评估适配于某一样本的模型是否也适配于其他不同的样本群体。本书基于资源型企业各特征变量,将总体样本分割为不同组别样本,利用 AMOS17.0 进行多群组分析,以考察资源型企业特征变量在各条假设路径中的影响差异。所属行业分类中,石油、天然气加工业及其他供应业这一类别样本数量不足,因此不予分析。多群组分析结果见表 5-9。

通过对以上数据的分析可以看出,3 个特征变量在模型的总路径及其分路径中表现有所不同,具体情况如下。

(1)在资源型企业社会网络对资源型企业管理者认知影响的这条总路径中,企业规模、企业类型、所属行业这 3 个变量的影响都十分显著。总路径中,

表 5-9 基于资源型企业特征变量的多群组分析结果

假设路径	企业规模		企业类型		所属行业		
	大中型	小型	民营	国有、外资等其他类型	金属、非金属采选业	化学原料及化学制品制造业	金属冶炼及加工业
H_1	0.804***	0.609***	0.675***	0.724***	0.864***	0.728***	0.493**
H_{1a}	0.067	0.041	0.054	0.253*	0.269*	0.176*	0.335*
H_{1b}	0.818***	0.629***	0.738***	0.672***	0.804***	0.677***	0.740***
H_2	0.650***	0.725***	0.704**	0.593***	0.648**	0.789**	0.611***
H_{2a}	0.800***	0.583**	0.665***	0.942***	0.800***	0.704***	0.062
H_{2b}	−0.082	0.277*	0.138*	0.322***	−0.186	0.250*	0.665***
H_3	0.176	−0.008	0.122	0.021	0.575*	−0.088	0.092
H_{3a}	0.655***	0.205	0.341*	0.344*	0.122	0.023	0.363*
H_{3b}	0.274*	0.294**	−0.185	−0.019	0.371*	−0.252	0.025
H_4	0.390***	0.549***	0.568***	0.406***	0.610***	0.545***	0.518***
H_{4a}	−0.125	0.712***	0.650***	−0.516	0.695**	0.740***	0.661***
H_{4b}	0.231*	0.435***	0.427***	−0.320	0.513***	0.436***	0.506***
H_5	0.348*	0.415***	0.266	0.491***	−0.130	0.404*	0.398**
H_{5a}	0.511***	−0.005	−0.009	0.586**	−0.135	−0.279	0.296*
H_{5b}	0.634***	0.389***	0.443***	0.820***	0.289	0.297*	0.600***
H_{5c}	0.363*	0.095	−0.083	0.299	0.782***	0.059	−0.104
H_{5d}	−0.091	0.462***	0.390***	0.061	−0.197	0.475***	0.065

注：*表示 $p<0.05$，**表示 $p<0.01$，***表示 $p<0.001$。

大中型企业（$\beta=0.804, p<0.0010$）比小型企业（$\beta=0.609, p<0.0010$）影响显著，国有企业和其他资金组成方式的企业（$\beta=0.724, p<0.0010$）比民营企业（$\beta=0.675, p<0.0010$）影响显著，所属行业中不同行业表现都显著，但金属冶

炼及加工业路径系数相对最低($\beta=0.493, p<0.0010$)。分路径中,社会网络结构对管理者认知的影响显著性不强,但社会网络关系对其影响均显著,也就是说,企业管理者认知主要受社会网络结构影响。笔者认为,出现这种结果的原因是,大中型企业的社会网络更为广泛,这些社会网络使企业对环境的认知更加丰富。

(2)在资源型企业社会网络对资源型企业资源获取影响的这条总路径中,企业规模、企业类型、所属行业这3个变量的影响都十分显著。总路径中,小型企业($\beta=0.725, p<0.0010$)比大中型企业($\beta=0.650, p<0.0010$)影响显著,民营企业($\beta=0.704, p<0.0010$)比国有企业和其他资金组成方式的企业($\beta=0.593, p<0.0010$)影响显著,所属行业的不同在总路径中的影响差别不大。分路径中,不同特征变量在社会网络结构对资源获取的影响均显著,而社会网络关系对资源获取的影响则有一些不显著,如大中型企业 $\beta=-0.082$, $p>0.050$,这说明企业的资源主要通过不同结构的社会网络获取。

(3)在资源型企业管理者认知对资源型企业绿色行为影响的总路径中,唯有金属、非金属采选业表现显著($\beta=0.610, p<0.0010$)。分路径中,大中型企业($\beta=0.655, p<0.0010$)在管理者认知对企业绿色管理的影响比小型企业($\beta=0.205, p<0.0050$)显著,其他组别的表现差异不大。这说明,管理者认知对企业绿色管理的影响比对绿色技术创新的影响更大,大中型企业的管理者认知能力更为理想。

(4)在资源型企业资源获取对资源型企业绿色行为影响的总路径中,企业规模、企业类型、所属行业这3个变量的影响都十分显著。总路径中,小型企业($\beta=0.549, p<0.0010$)比大中型企业($\beta=0.390, p<0.0010$)影响显著,民营企业($\beta=0.568, p<0.0010$)比国有企业和其他资金组成方式的企业($\beta=0.406, p<0.0010$)影响显著,所属行业的不同在总路径中的影响差别不大。分路径中,资源获取对绿色技术创新的影响整体上较其对绿色管理的影响显著。这说明,企业的绿色技术创新主要依靠于资源获取。

(5)在资源型企业社会网络对资源型企业绿色行为影响的这条总路径中,企业规模、企业类型、所属行业这3个变量的影响各不相同,在其对应的4个分路径中,情况则更为复杂。具体来说,在总路径中,小型企业($\beta=0.415, p<0.0010$)比大中型企业($\beta=0.348, p<0.050$)影响显著;国有企业及其他资金组成方式的企业($\beta=0.491, p<0.0010$)比民营企业($\beta=0.266, p<0.0050$)影

响显著;所属行业则有的显著有的不显著。分路径中,在社会网络结构对企业绿色管理的影响方面,只有大中型企业($\beta=0.511, p<0.0010$)和国有企业及其他资金组成方式的企业($\beta=0.586, p<0.010$)表现显著;在社会网络结构对绿色技术创新的影响方面,大中型企业($\beta=0.634, p<0.0010$)比小型企业($\beta=0.389, p<0.050$)影响显著,国有企业和其他资金组成方式的企业($\beta=0.820, p<0.0010$)比民营企业($\beta=0.443, p<0.0050$)影响显著;在社会网络关系对绿色管理行为和绿色技术创新的影响方面,显著性一般。

第六节 本章小结

本章运用一阶验证性因子分析、结构方程全模型、多群组结构方程模型等分析方法,探讨了资源型企业社会网络和绿色认知对绿色行为的影响机制。

就总体模型而言,资源型企业社会网络显著正向影响资源型企业管理者认知和资源获取,资源型企业管理者认知和资源获取显著正向影响资源型企业绿色行为,资源型企业管理者认知和资源获取在资源型企业社会网络对资源型企业绿色行为的正向影响中起部分中介作用。

就模型的分路径而言,资源型企业社会网络结构和社会网络关系显著正向影响资源型企业管理者认知,资源型企业社会网络结构和社会网络关系显著正向影响资源型企业常规绿色管理行为,资源型企业社会网络结构和社会网络关系均显著正向影响资源型企业绿色技术创新,资源型企业管理者认知和资源获取显著正向影响资源型企业常规绿色管理行为和绿色技术创新。从总体效应来看,资源型企业社会网络结构对资源型企业常规绿色管理行为和绿色技术创新的总效应最大,是关键变量。

多群组分析结果表明,企业规模、企业类型、所属行业3个特征变量在不同假设路径中的影响均存在较大差异。实力较强的企业既拥有广泛的社会网络并从中得到开展绿色行为的动力与资源,又通过对环境的认知自主开展绿色行为,而实力弱小的企业则往往是迫于外部社会网络的压力而开展一定的绿色行为。

第六章　社会网络中资源型企业绿色行为的形成机制与过程

绿色行为决策是绿色活动的先导,一切绿色管理过程和绿色行为都必须首先进行决策。对绿色行为进行反复评估,进而作出正确的决策是绿色行为扩散过程中潜在采纳者采纳行为的核心问题,资源型企业在判断与选择绿色行为的过程中,其决策会受到各种因素的干扰和影响。"经济人"以及"理性人"的假设认为,个体采纳行为或作出决策时,会根据所获取的信息,分析市场趋势,作出无偏估计,以实现最终目的利益最大化。

在资源禀赋和生态环境的刚性约束下,作为发展循环经济和贯彻绿色理念的基本单元和微观基础,资源型企业作出绿色行为决策进而实施生态化的绿色行为是其突破以"高投入、高能耗、高污染"为特征的传统发展模式,有效实施升级与绿色转型,实现资源、环境、经济、社会全面协调和可持续发展的重要驱动力。

第一节　企业绿色行为决策影响因素识别

所谓绿色行为决策,就是企业在生产、经营、管理过程中充分考虑绿色因素,由单纯面向利润和成本,转化为面向环境和资源的新模式,即在生产功能相同的产品的同时尽可能减少资源消耗、降低环境污染。目前,国内有关绿色行为的理论研究主要集中在绿色生产、绿色营销与绿色管理方面(李文伟,2006;李卫宁等,2012),环境规制、企业预期收益、政府服务、企业社会责任等外部因素成为研究影响企业绿色行为决策的重点(徐强,2008;Berry et al,1998;秦颖等,2008)。另有部分研究认为,企业采取绿色行为并不仅仅来自对外部因素的被动应对,企业自身禀赋,尤其是企业规模、组织能力和结构特点,对企业绿色行为决策同样具有重要影响(Florida 1996;杨东宁等,2004),一般认为规模较大的企业,接受全球环境标准的压力也相对较大,更倾向于采取绿色行为(史进等,2010)。而过去10年,我国公众环境意识的总体水平呈上升趋势,其发展过程呈现出类似"环境库兹涅茨曲线"的特征(闫国东等,2010),公众环境意识总体水平的加速上升趋势,为社区利益而发生的公民行动对地方政府和企业的绿色行为决策产生影响(张青,2011;黄秀山,2002)。

另一方面,产业集群现象日益受到国内外学者的广泛关注(朱瑞忠,2007)。早在1998年Porter提出最为经典的产业集群概念时,就已经强调了产业集群的网络特性、集群企业所嵌入网络的规模、关系强度、网络中心度和网络地理开放性等网络特征差异导致企业在可接触的资源种类、丰裕程度以及最终可获取的资源均有所不同,因而基于资源基础理论的观点在企业的成长性上表现出差异(杨菊萍,2012)。产业集群作为一种企业的空间组织形式,是多个相互关联的企业或组织在地理上的集中,从而形成了集群特有的集聚效应(王涛,2012),产业集群的区位特征(发展空间、可达性、便利性、集聚程度等)(杨菊萍,2012)、集群中企业在生产链中的位置、企业的目标市场对企业的绿色行为—绿色技术采纳决策产生影响(史进等,2010)。

纵观已有研究,首先,多数文献对于产业集群中企业绿色行为决策影响因素的研究还不够深入,关键的影响因素尚需辨识;其次,对于资源型产业集群中企业绿色行为决策影响因素的研究还不多见;再次,现有模型在对影响因素进行分析时,普遍未能进一步分析同一因素对产业集群中国有、私营两种不同性质企业影响程度的差异。

鉴于此,本书在文献研究的基础上,通过对资源型企业的广泛调研,首先选取"环境规制、企业预期收益、政府服务、企业社会责任、企业禀赋、公众环境意识、产业集群的社会网络、产业集群的区位特征、企业在生产链中的位置、企业的目标市场"这10个因素,同时,充分考虑到资源型产业集群与一般产业集群相比,其发展对矿产资源的依赖程度更深、消耗规模更大,而且往往伴随着生态环境的严重破坏,而事实上,资源禀赋与生态环境是资源型产业集群赖以生存和发展的基础,因此,在咨询专家的基础上,认为资源禀赋与生态环境也是影响资源型产业集群中企业绿色行为决策的因素。采用熵权决策模型对上述12项影响因素进行关键因素的辨识与分析,并进一步分析同一关键因素对产业集群中国有、私营两种不同性质企业影响程度的差异,结合研究发现提出相应的政策建议。

第二节 基于熵权模糊决策法的关键因素分析

一、数据来源及样本说明

湖北省宜昌市是典型的矿产资源密集型区域,矿产资源丰富,尤其是磷矿资源在全国占有重要地位,是长江流域最大的磷矿基地。境内磷矿生产、加工企业众多,并形成了一定规模的磷化工产业集群。因此,本研究首先选择享有"中国百佳产业集群"美誉的宜昌磷化工产业集群中磷化工企业的高层领导作为调研和访谈的对象,而寻找访谈对象的方法类似于朋友采样:从品牌企业出发,向其上下游供应链或者密切联系企业摸索,逐步获得整个产业集群中不同禀赋的企业如何进行绿色行为决策的概念性认识。访谈内容主要围绕三个方面开展:促使企业采取绿色行为的动力和障碍;哪些因素影响企业的绿色行为决策;企业在进行绿色行为决策时所涉及的上下游企业、邻居企业的协作问题。根据访谈获得的信息并结合文献研究,提炼出12项影响资源型产业集群中企业绿色行为决策的因素框架,并试图发现产业集群因素对资源型企业进行绿色行为决策的影响。

完成第一阶段的访谈后,根据宜昌市磷化工产业集群的实际情况并参考高明瑞和黄义俊的研究,设计出具有良好信度的量表,对湖北宜昌、荆门(石化、磷化产业集群)、河南郑州(煤炭产业集群)三地的30家资源型企业展开问卷调查,其中国有企业16家,私营企业14家,每家企业要求企业家或者负责人以及骨干技术人员各填一份,为了防止所有题项均由同一填写者填写,本研究使用了答卷者信息隐匿法等事前预防措施避免出现同源偏差。调查中实际发放问卷60份,回收55份,回收比率为91.7%;扣除存在明显填写错误及填写不全的6份之外,有效问卷49份,占实际发放问卷的81.7%。样本中,涉及煤炭行业的企业问卷有30份,其他相关产业的企业问卷有19份。

此外,课题组也对资源型企业对环保的认知以及企业绿色行为实施的真实情况作了具体调查,认为自己企业有污染或能耗问题的占75.1%,一半以上(67.9%)的企业在过去三年内采取了绿色行为,并且取得了节能降耗的显著成效(89.6%),更有高达95.7%的企业表明在今后三年内会采取更多的绿色行为。可见,在生态环境不断恶化的压力下,绝大多数企业已经自觉主动的将绿色行为作为企业赖以生存和发展的生命线。

二、评价准则熵权的计算

1. 变量设置

对于资源型产业集群中企业,影响其绿色行为决策的因素标记为 y_1:环境规制;y_2:企业预期收益;y_3:政府服务;y_4:企业社会责任;y_5:企业禀赋;y_6:公众环境意识;y_7:产业集群的社会网络;y_8:产业集群的区位特征;y_9企业在生产链中的位置;y_{10}:企业的目标市场;y_{11}:资源禀赋;y_{12}:生态环境。

选取衡量影响因素关键性的评价准则(姚胜等,2002)为 x_1:经济效益影响;x_2:社会效益影响;x_3:决策可操作性影响;x_4:决策效率影响;x_5:决策稳定性影响。

2. 确定模糊评价矩阵

通过专家群决策的评定方法(邱苑华,2002),对于 m 个评价准则 $x_i(8=1,2,\cdots,m)$,n 个评价对象[影响因素 $y_j(j=1,2,\cdots,n)$],可以得到如下模糊评价矩阵:

$$A = \begin{array}{c} \\ x_1 \\ x_2 \\ x_3 \\ \vdots \\ x_m \end{array} \begin{array}{cccc} y_1 & y_2 & \cdots & y_n \\ \left[\begin{matrix} a_{11} & a_{12} & \cdots & a_{1n} \\ a_{21} & a_{22} & \cdots & a_{2n} \\ a_{11} & a_{32} & \cdots & a_{3n} \\ \vdots & \vdots & \vdots & \vdots \\ a_{m1} & a_{m2} & \cdots & a_{mn} \end{matrix}\right] \end{array} \quad (6-1)$$

其中,a_{ij} 表示第 j 个评价对象在第 i 个评价准则上的各专家评分综合。

在本章中,a_{ij} 的最终赋值取所有样本数据的平均值,则上述 5 个评价准则 $x_i(i=1,2,3,4,5)$,12 个评价对象——影响因素 $y_j(j=1,2,\cdots,12)$ 的模糊评价矩阵为:

$$A = \begin{bmatrix} 0.5 & 0.8 & 0.3 & 0.3 & 0.1 & 0.3 & 0.5 & 0.1 & 0.2 & 0.5 & 0.3 & 0.5 \\ 0.6 & 0.7 & 0.4 & 0.8 & 0.2 & 0.6 & 0.7 & 0.3 & 0.1 & 0.3 & 0.1 & 0.7 \\ 0.4 & 0.7 & 0.2 & 0.6 & 0.5 & 0.1 & 0.5 & 0.2 & 0.5 & 0.2 & 0.2 & 0.3 \\ 0.8 & 0.6 & 0.1 & 0.5 & 0.2 & 0.3 & 0.6 & 0.5 & 0.7 & 0.6 & 0.1 & 0.7 \\ 0.6 & 0.6 & 0.1 & 0.3 & 0.3 & 0.5 & 0.4 & 0.4 & 0.3 & 0.3 & 0.3 & 0.6 \end{bmatrix} \quad (6-2)$$

3. 模糊评价矩阵的标准化处理

对矩阵 A 进行标准化处理得到：

$$R = (r_{ij})_{5 \times 12} \qquad (6-3)$$

其中，$r_{ij} \in [0,1]$，$r_{ij} = \dfrac{a_{ij} - \min\limits_{j}\{a_{ij}\}}{\min\limits_{j}\{a_{ij}\} - \min\limits_{j}\{a_{ij}\}}$

因此，则有：

$$R = \begin{bmatrix} 0.5714 & 1.0000 & 0.2857 & 0.2857 & 0.0000 & 0.2857 & 0.5714 & 0.0000 & 0.1429 & 0.5714 & 0.2857 & 0.5714 \\ 0.7143 & 0.8571 & 0.4286 & 1.0000 & 0.1429 & 0.7143 & 0.8571 & 0.2857 & 0.0000 & 0.2857 & 0.0000 & 0.8571 \\ 0.5000 & 1.0000 & 0.1667 & 0.8333 & 0.6667 & 0.0000 & 0.6667 & 0.1667 & 0.6667 & 0.1667 & 0.1667 & 0.3333 \\ 1.0000 & 0.8571 & 0.0000 & 0.5714 & 0.1429 & 0.1429 & 0.7143 & 0.5714 & 0.8571 & 0.7143 & 0.0000 & 0.8571 \\ 1.0000 & 1.0000 & 0.0000 & 0.4000 & 0.4000 & 0.8000 & 0.6000 & 0.6000 & 0.4000 & 0.4000 & 0.4000 & 1.0000 \end{bmatrix}$$

$$(6-4)$$

4. 计算模糊熵值

在有 m 个评价准则、n 个评价对象的模糊评价问题中，第 i 个评价准则的模糊熵(韩立岩,1998)表示为：

$$H_i = -k \sum_{j=1}^{n} [r_{ij} \ln r_{ij} + (1-r_{ij}) \ln(1-r_{ij})] \quad i=1,2,\cdots n$$

$$(6-5)$$

式(6-5)中，当 $r_{ij}=0$ 时，$r_{ij}\ln r_{ij}=0$，$k=1/\text{nln}2$ 是常数，一般满足：$0 \leqslant H_i \leqslant 1$。因此，当 $m=5, n=12$ 时，利用式(6-5)可以得到文中各评价准则的模糊熵值如下：

$$H_1 = 0.6654;\ H_2 = 0.5670;\ H_3 = 0.6603;$$
$$H_4 = 0.5546;\ H_5 = 0.6265 \qquad (6-6)$$

5. 计算熵权

计算第 i 个评价准则的熵权，公式如下：

$$w_i = \dfrac{1-H_i}{\sum\limits_{i=1}^{m}(1-H_i)} = \dfrac{1-H_i}{m - \sum\limits_{i=1}^{m} H_i} \qquad (6-7)$$

则文中各评价准则的熵权分别为：

$$w_1 = 0.1737;\ w_2 = 0.2248;\ w_3 = 0.1764;$$

$$w_4 = 0.2312; \ w_5 = 0.1939 \qquad (6-8)$$

三、影响因素的熵权决策模型分析

1. 对矩阵 R 加权处理

利用上述计算出来的 w_i 对矩阵 R 进行加权,得到规格化加权矩阵 B:

$$B = \begin{bmatrix} w_1 r_{11} & \cdots & w_1 r_{1n} \\ \vdots & \ddots & \vdots \\ w_m r_{m1} & \cdots & w_m r_{mn} \end{bmatrix} = \begin{bmatrix} b_{11} & \cdots & b_{1n} \\ \vdots & \ddots & \vdots \\ b_{m1} & \cdots & b_{mn} \end{bmatrix}$$

$$= \begin{bmatrix} 0.0993 & 0.1737 & 0.0496 & 0.0496 & 0.0000 & 0.0496 & 0.0993 & 0.0000 & 0.0248 & 0.0993 & 0.0496 & 0.0993 \\ 0.1606 & 0.1927 & 0.0963 & 0.2248 & 0.0321 & 0.1606 & 0.1927 & 0.0642 & 0.0000 & 0.0642 & 0.0000 & 0.1927 \\ 0.0882 & 0.1764 & 0.0294 & 0.1470 & 0.1176 & 0.0000 & 0.1176 & 0.0294 & 0.1176 & 0.0294 & 0.0294 & 0.0588 \\ 0.2312 & 0.1982 & 0.0000 & 0.1321 & 0.0330 & 0.0330 & 0.1652 & 0.1321 & 0.1982 & 0.1652 & 0.0000 & 0.1982 \\ 0.1939 & 0.1939 & 0.0000 & 0.0776 & 0.0776 & 0.1551 & 0.1163 & 0.1163 & 0.0776 & 0.0776 & 0.0776 & 0.1930 \end{bmatrix}$$

$$(6-9)$$

2. 求解理想点和负理想点

运用双基点法,设 p^* 和 P^* 分别为对应矩阵的理想点和负理想点:

$$p^* = (p_1^*, p_2^*, \cdots, p_m^*)^T, \ P^* = (P_1^*, P_2^*, \cdots, P_m^*)^T \qquad (6-10)$$

其中,

$$p_i^* = \max_j \{b_{ij} \mid j = 1, 2, \cdots, n; i = 1, 2, \cdots, m\} \qquad (6-11)$$

$$P_i^* = \max_j \{b_{ij} \mid j = 1, 2, \cdots, n; i = 1, 2, \cdots, m\} \qquad (6-12)$$

由于矩阵 B 是由已标准化矩阵 R 加权而得,因此负理想点 $P^* = (0, 0, L, 0)^T$,理想点:

$$P^* = (0.1737, 0.2248, 0.1764, 0.2312, 0.1939)^T \qquad (6-13)$$

3. 计算模糊贴近度

设 $B_j = (b_{1j}, b_{2j}, \cdots, b_{mj})^T, j = 1, 2, \cdots, n$,那么评价对象 y_j 与理想点的相对贴近度计算如下:

$$t_j = \frac{(P^* - B_j)^T (P^* - P^*)}{\| P^* - P^* \|^2} = \frac{(P^* - B_j)^T P^*}{\| P^* \|^2} = 1 - \frac{B_j^T P^*}{\| P^* \|^2}$$

$$(6-14)$$

显然 $0 \leqslant t_j \leqslant 1, j = 1, 2, \cdots, n$,在相关文献中,一般以 t_j 的大小对评价方案

进行排序,t_j 小者为优。刘树林等(1998)指出,贴近度的计算可以简化为:

$$d_j = B_j^T P^*, \quad j = 1, 2, \cdots, n \tag{6-15}$$

由式(6-15)可知,$0 \leqslant d_j \leqslant \| P^* \|^2$,当对评价方案进行排序时,$d_j$ 大者为优。

因此,由式(6-15)计算贴近度得:

$$d_1 = 0.1600; \ d_2 = 0.1880; \ d_3 = 0.0355$$
$$d_4 = 0.1307; \ d_5 = 0.0506; \ d_6 = 0.0824$$
$$d_7 = 0.1420; \ d_8 = 0.0727; \ d_9 = 0.0859$$
$$d_{10} = 0.0901; \ d_{11} = 0.0288; \ d_{12} = 0.1543 \tag{6-16}$$

4. 构造隶属函数

贴近度 $d_j(d_j \geqslant 0)$ 是一个模糊量,根据其在双基点法中的意义及性质,可由该变量来定义评价对象 y_j 的影响因素关键度,并构造常用的隶属度函数(张跃等,1992)(柯西型):

$$\mu(x) = \begin{cases} 1 & x > a \\ \dfrac{1}{1+(x-a)} & x \leqslant a \end{cases} \tag{6-17}$$

其中,$a = \| P^* \|^2 = 0.2029$。

5. 计算关键影响度

利用式(6-17)计算影响因素 y_j 的关键度 $\mu(d_j)$ 分别为:

$$\mu(d_1) = 0.9982; \ \mu(d_2) = 0.9998; \ \mu(d_3) = 0.9727$$
$$\mu(d_4) = 0.9948; \ \mu(d_5) = 0.9773; \ \mu(d_6) = 0.9857$$
$$\mu(d_7) = 0.9963; \ \mu(d_8) = 0.9833; \ \mu(d_9) = 0.9865$$
$$\mu(d_{10}) = 0.9874; \ \mu(d_{11}) = 0.9706; \ \mu(d_{12}) = 0.9977 \tag{6-18}$$

根据关键度大小排序所对应的影响因素,顺序如下:

$$y_2 > y_1 > y_{12} > y_7 > y_4 > y_{10} > y_9 > y_6 > y_8 > y_5 > y_3 > y_{11} \tag{6-19}$$

6. 获取关键影响因素集 Y_λ

定义关键影响因素集 Y_λ 如下(陈黎明等,2003):

$$Y_\lambda = \{ y_j \mid \mu(d_j) \geqslant \lambda, \quad j = 1, 2, \cdots, n \} \tag{6-20}$$

其中,$\lambda \in [0, 1]$ 称为关键阈值或置信水平。

现给定置信水平 λ＝0.99，得到相应的关键影响因素集 $Y_{0.99}$：

$$Y_{0.99} = \{y_2, y_1, y_{12}, y_7, y_4\} \quad (6-21)$$

即在置信水平 λ＝0.99 下，影响资源型产业集群中企业绿色行为决策的关键因素为 y_2（企业预期收益）、y_1（环境规制）、y_{12}（生态环境）、y_7（产业集群的社会网络）以及 y_4（企业社会责任）。

四、关键影响因素的横向比较

将样本按照企业性质（国有企业和私营企业）分成两类，得到相应的两组数据，再次对这两组数据分别进行熵权模糊决策分析，结果显示，在置信水平 λ＝0.99 时，两者关键影响因素集与样本总体的关键影响因素集 Y_λ 保持一致，仍为 $Y_{0.99} = \{y_2, y_1, y_{12}, y_7, y_4\}$，两组数据中关键影响因素的关键度分布比较如图 6-1 所示。

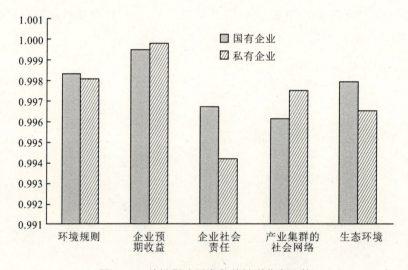

图 6-1 关键影响因素的关键度分布比较

比较发现，企业的性质虽然并不会影响对关键影响因素的整体把握，但这 5 项关键影响因素的关键度确实会因为企业性质的不同而有所差异，图 6-1 中关键影响因素的关键度分布有如下几个突出特征。

第一，对于不同性质的企业而言，企业预期收益和环境规制是影响其绿色行为决策的最关键因素，这两项因素与不同性质企业绿色行为决策影响的关键度非常接近。具体来讲，相较于国有企业，企业预期收益对私营企业绿色行为决策影响的关键度更高,而环境规制因素对国有企业绿色行为决策影响的关键度略高于对私营企业绿色行为决策影响的关键度。

第二,企业社会责任、产业集群的社会网络、生态环境这3项影响因素对不同性质企业绿色行为决策影响的关键度呈现小幅差异,其中,企业社会责任、生态环境对国有企业绿色行为决策影响的关键度高于对私营企业绿色行为决策影响的关键度,而产业集群的社会网络对私营企业绿色行为决策影响的关键度更高。

第三节 资源型企业绿色行为形成的机制与过程理论剖析

一、收益驱动与规制约束:企业绿色行为的两类根源

企业预期收益是指企业在没有意外事件发生的前提下,对使用研发的无形资产或劳务能合理预期到所有能产生的额外收入或节约的成本。在当前市场经济条件下,追求预期收益最大化不仅仅只是企业扩大经营管理的基本目标,更是市场经济充满生机、保持活力的关键所在。

弗里德曼(M. Friedman)于20世纪70年代提出:"企业的唯一责任就是追求盈利"。而从某种意义上来讲,企业最大的社会责任就是通过追求利润来维持生存。正是基于利润的吸引,资源型企业才愿意积极地投入时间、精力、财力去实施绿色行为。对于任何资源型企业而言,其绿色行为的决策,首先取决于企业自身有无需求。基于需求基础上,对实施某项绿色行为过程中所需要的资金、人力、物力、自然条件等方面进行综合评估,以投资获得最大化盈利为目标对绿色行为进行决策。资源型企业绿色行为的预期收益具有特殊性,是经济收益和社会收益的统一。预期收益的驱动是资源型企业绿色行为的最根本动力。

环境规制约束是促使资源型产业集群内资源型企业采取绿色行为的另一个重要驱动力。资源消耗大,对生态环境不可避免地造成污染,这是任何资源型企业在生存和发展过程中必然要面对的问题。环境污染往往具有外部不经济性,需要依靠政府通过制定各种相应政策与措施对资源型企业的生产、经营活动进行调节与控制,以达到保持资源型产业集群内环境与经济社会发展相协调的目标。

激励和命令控制是环境规制的两大目标,政府一方面通过激励手段激励资源型企业积极采纳绿色行为,这些手段包括排污权交易制度、排污收费(税)制度等;另一方面通过发布规章或命令,然后协调监管部门予以监管,促使资源型企业采取绿色行为以满足规定的环境目标,对不遵守规章的资源型企业加以制裁。基于现实而言,资源型企业采纳绿色行为主要是基于利益的主动追求和基于规制约束的被迫适应。由于绿色行为投资收益具有滞后性,其社会收益具有隐性特征,所以,部分资源型企业甚至更愿意将投资到绿色行为的资金用于其他获利更高的项目,往往延迟污染达标,而在环境规制约束下,再辅以严厉监管,资源型企业绿色行为的意愿会大大提高,因此,环境规制约束是推动资源型企业绿色行为决策的主要外部力量。

二、社会网络:企业绿色行为形成与扩散的中介

资源型产业集群的社会网络是群内资源型企业绿色行为扩散的中介,集群社会网络结构特征影响资源型企业绿色行为扩散的方式、路径以及绿色行为扩散的广度和深度。社会网络理论认为,个体总是存在于一定的网络之中,与外部环境、其他个体相互作用,是个体不断重复与其他个体接触、分析、学习、评估、决策的动态过程,社会网络是大量个体分享资源以及获取资源的平台。

在资源型产业集群中,由于产业的聚集,资源型企业的发展必然受到外围企业的影响,而且群内资源型企业通过一定的社会网络关系联系在一起,这种关系可以是竞争关系,也可以是合作关系。资源型企业可以通过网络构建合作伙伴关系,选择性地吸收和分享符合自身需求的绿色行为信息,增强企业的综合竞争力。

资源型企业的社会网络是对企业法人刚性界限的突破,有利于集群内资源型企业间、企业与其他组织间的技术、知识、信息的转移和分享,社会网络可以被认为是资源型产业集群内企业实现绿色行为扩散的有效途径。

资源型企业在集群社会网络行动中,各企业分享绿色行为的部分核心技术,形成示范效应,在此效应下,各资源型企业之间,或者企业与其他组织展开交流合作,绿色行为信息在产业集群内充分传播,企业依据绿色行为信息对绿色行为进行判断和决策。网络的存在加快了绿色行为在集群内扩散的进程,这种组织学习能力是难以模仿的(芮明杰,2001)。

资源型产业集群的社会网络为企业搜寻外部绿色行为信息,为企业快速

发展提供机遇。作为资源型企业获取外部资源的重要载体，资源型产业集群内的社会网络在资源型企业和外部网络参与者之间搭建了良好的合作平台。良好的社会网络有利于资源型企业吸收外部绿色行为信息资源，参与绿色创新合作，从而提高资源型企业的绿色参与度，促进绿色行为在资源型产业集群内的扩散。正是因为有了社会网络这一中介，绿色行为才得以在资源型产业集群内不断扩散。

三、企业绿色行为形成过程

基于关键因素的识别及作用机制分析，结合对案例资源型企业绿色行为的研究，可以归纳的出企业绿色行为的形成机制及过程如图6-2所示，企业以追求经济效益、社会效益、环境效益为目标，受到了来自企业外部和内部资源

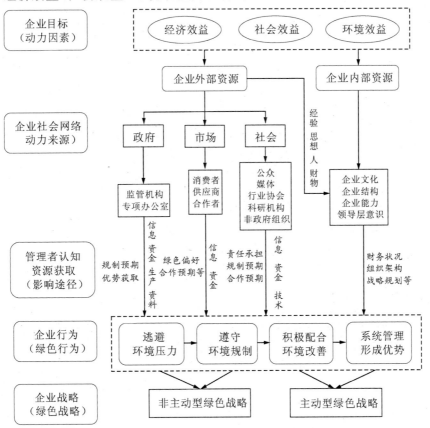

图6-2 嵌入社会网络下的企业绿色行为形成机制与过程

的共同影响，其中外部资源即企业社会网络，包括了政府、供应商、合作者、公众媒体、行业协会等利益相关者，通过企业的管理者认知与资源获取促进企业绿色行为的形成，主动将绿色经营作为企业重要发展战略，进一步通过社会网络影响其他行业企业共同推进行业整体绿色发展。

来自外部的环境压力除了改善企业环境行为，还使企业逐渐形成了积极面对环境压力的态度，通过追求环境绩效进而实现经济效益，形成企业绿色行为的内在动力，最终使绿色价值成为企业价值取向和行为准则，进而形成绿色战略（傅京燕，2002；王宜虎等，2007）。尽管国内的研究也还没有得到企业内部存在环境驱动力的有力的证据（秦颖等，2004），但本文认为企业内部环境驱动力是影响企业主动改善环境行为的因素集合。在访谈中，几家案例企业均表现出了其绿色行为形成过程中企业结构、企业文化和企业能力以及领导层意识作为企业绿色战略形成实施的内部条件，是企业"刺激—意识—反应"的保证（张亚娟，2006），企业员工对内部驱动力的作用认知甚至高于外部驱动力。

第四节　本章小结

在社会网络中，资源型企业如何作出科学合理的绿色行为决策及采纳何种绿色行为方式需要清晰明确的方向进行指引。由于资源型企业在网络中信息扩散不对称，自身拥有和捕获资源及能力等限制，如何在社会网络中辨识乃至准确把握影响其进行绿色行为决策的关键因素尤为重要。本章利用深入企业调研和实地访谈的第一手资料提取信息，根据经济效益影响、社会效益影响、决策可操作性影响、决策效率影响和决策稳定性影响5项评价准则，并通过熵权模糊决策法对12项指标变量进行分析，进而得出企业预期收益、环境规制、生态环境、产业集群的社会网络以及企业社会责任是影响资源型企业进行绿色行为决策的5项关键因素。

通过横向对比分析析出的5项关键影响因素，不论何种性质的企业，企业预期收益和环境规制是影响其绿色行为决策的最关键因素，其他3项影响因素对不同性质企业绿色行为决策影响的关键度有较小差异性。在关键因素的识别及作用机制分析和案例分析的基础上，进一步归纳提炼出了资源型企业绿色行为的形成机制及过程。

第七章 采纳者网络与资源型企业绿色行为互动演化机制与过程

当前,绿色行为已经成为资源型产业集群规避"资源诅咒",集群形成核心竞争力以及可持续发展的重要驱动力。绿色行为的出现,通常能够使得采纳者——资源型企业产生竞争优势,同时,在环境规制以及预期收益的驱动下,绿色行为又面临着被其他资源型企业模仿以及追随的压力。交易市场具有开放性,绿色行为一旦产生,必然会引起后续一系列的扩散,绿色行为扩散所波及到的资源型企业通过模仿或学习,提高其绿色生产、经营以及绿色管理水平,最终形成新的竞争优势。

然而,大量研究表明,资源型企业在对某一绿色行为进行评估时,并不能保证每时每刻总是以非常理性的态度作出决策,其行为受到多重因素的影响,这些因素包括自身固有的认知偏差,以及外界环境的干扰等。资源型企业在绿色行为信息不确定的情况下,通过模仿、学习他人绿色行为而表现出与"大众"一致的行为,这样一种有限理性的采纳行为称为从众行为,从众行为是资源型企业市场行为的一种常见现象。

第一节 企业绿色行为与采纳者网络

一、采纳者网络:绿色行为扩散的重要载体

经典的牛顿力学认为,系统的要素是一个个基本粒子,每个基本粒子的运动规律可以由一些数学或者物理方程来描述,基本粒子行为之和构成整个系统的行为。与之类似的是,管理学理论认为,决策者是一个个理性个体,具有理性思考能力并能够独立作出决策,每个个体的行为可以通过效用函数或决策函数刻画。

然而，现实世界并不如此，采纳者对于某种绿色行为的偏好并不是彼此相互独立的，他们以采纳者网络为中介，通过各种方式相互施加或积极，或消极的影响。采纳者偏好的相互依赖表现在社交需要，对敬重对象的模仿，信息不够时向其他人学习模仿等。

由于信息非对称性的存在，在绿色行为扩散的过程中，潜在采纳者在作出采纳决策之前，绿色行为的相关信息很难被完全掌握。信息验证难、高获取成本往往导致绿色行为信息的延迟。另一方面，部分带有体验性质的绿色行为，资源型企业在实施之前，难以观察和评估它所能给企业带来的经济效益和社会效益，而且对于绿色行为信息的理解和处理，依赖于主体的理性思考，很多主体在决策时，通常会参考其他主体的决策，绿色行为的相关信息通过采纳了绿色行为的主体和没有采纳绿色行为的主体形成的社会网络进行传播，我们将其称为采纳者网络。

企业之间的社会关系是采纳者网络联系的纽带，包括上下游企业的合作关系，平行企业的竞争关系等，采纳者的社会网络关系对于采纳者的行为决策具有重大的影响，这种影响表现为各企业主体之间有类似的需求，决策行为也高度类似。此外，有些绿色行为的采纳形成的群体规范，是某种身份和某个组织归属关系的象征。因此，采纳者关系网络是传播绿色行为信息的重要途径，也是绿色行为扩散的重要载体。

二、采纳者网络形成机制

由于时滞的广泛存在，绿色行为采纳通常被延迟，而且各企业主体并不同时采纳绿色行为。作为创新采纳模型研究必备的基础理论，理性效率理论（Davies,1979）指出，后期采纳者每一次采纳创新总是基于其对前期采纳者创新性收益评价的更新基础。绿色行为信息、传播渠道、采纳者扩散信息的倾向、未采纳者受到影响的倾向是评价更新所必须具备的4个条件，（初始）外部因素、从采纳的个体到未采纳个体的信息传播则构成了评价更新的主要信息来源。而另一种著名的理论——攀比理论（Abrahamson et al,1993）则认为个体采纳一种创新主要缘于攀比压力，而非自身对创新效率或收益的评价，攀比压力主要产生于采纳这种创新的个体数量所产生的攀比，包括制度上攀比和竞争性攀比等。这两种理论对于解释资源型企业绿色行为的采纳决策问题具有很好的借鉴作用。

在资源型产业集群中,作为绿色行为的采纳主体,资源型企业主要通过网络的形式进行交互,导致这种交互机制产生的原因主要包括以下几点。

1. 利益协调

利益是一定的主体对于客体价值的肯定,利益关系构成了人类社会最基本的关系。在资源型产业集群中,资源型企业之间的关系也浸透着利益,各企业之间的利益关系构成了一定的社会利益结构,若绿色行为本身具有网络效应特征,则采纳者之间通过协调可以提高资源型产业集群这一集体收益,从而增大单个主体——资源型企业的效用。此外,这种协调效应也广泛存在于组织之间,协调不同利益主体之间的利益关系。

2. 制度规范压力

制度压力以及合法化要求对资源型企业的决策行为具有重大影响,这是因为任何企业和组织均嵌套在群体之中,群体的规范以及行为准则对资源型企业的决策空间施加了约束。采纳者对绿色行为的主观效用评估则不可避免地受到群体规范压力的强烈影响。

3. 信息效应

信息能消除企业认识中的不确定性,资源型企业之间形成一个网络的重要目的便是获取绿色行为信息。资源型企业很难具有绿色行为相关的全部信息,同时缺乏实施绿色行为的技巧。资源型企业通过采纳者网络,传播绿色行为相关信息,可以缩减绿色行为信息传播的时滞,降低后期采纳企业采纳绿色行为的成本,增大实施绿色行为的效用。

4. 学习效应

资源型企业通过预先实施和学习,可以提高绿色行为的实施技巧,增加绿色行为的采纳收益。这种效果在不确定环境下尤其显著,而且当绿色行为的价值越高,资源型企业采纳决策面临的风险越大时,越倾向于向其他企业征求意见。

5. 从众效应

人类理性的有限性会导致从众效应,从众效应是企业市场行为的常见现象,企业在作不确定程度高的决策时,缺乏独立的决策过程,主要依据其他企业的行为来决定自己的行为,将决策权完全交给其他决策者。从众效应很容易导致盲从,但是在获取信息和处理信息成本较高、信息不对称和预期不确定条件时,从众效应可以降低成本和风险,同时,从众效应亦可产生示范学习作用和聚集协同作用,这对于弱势群体的保护和成长很有帮助。

第二节 采纳者—绿色行为的二分网络

作为复杂社会网络的一种重要表现形式,二分网络具有普遍性。在资源型产业集群中,采纳者与绿色行为之间存在着采纳与被采纳的关系,呈现出自然的二分结构。一个采纳者可以采纳多种绿色行为,反之,一种绿色行为可以被多个采纳者所采纳,从而采纳者与绿色行为之间形成了一种"多对多"的多边关系。将采纳者和绿色行为分别看作两类节点,采纳关系看作是网络连接,那么采纳者和绿色行为形成了二分网络。

为了便于研究,首先将资源型产业集群中的企业的绿色行为按照种类分解,N 种绿色行为的实施者分解成 M 个采纳单种绿色行为的"虚拟"采纳者,这种分解的意义在于说明实施多项绿色行为的资源型企业对不同的绿色行为会采取不同的采纳策略。

基于上述的分解,每个绿色行为采纳者,包括虚拟采纳者有且仅有一种绿色行为可以采纳,但不限制具体的绿色行为对象;而每一种绿色行为则可以同时被多个"采纳者"所采纳。采纳者和绿色行为之间存在着选择与被选择的一对多关系,形成了如图7-1所示的二分网络。

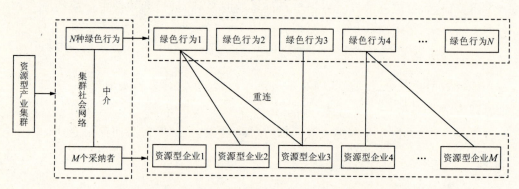

图 7-1 采纳者与绿色行为之间的二分网络与重连示意图

从采纳者—绿色行为的二分网络可以看出,该网络主要由两种不同类型的节点所构成,边只存在于不同类型的节点之间,而同类节点之间没有连边。以二分网络这一新的视角研究复杂社会网络背景下资源型企业绿色行为的扩散,有助于揭示出一些更深层的网络特性。然而,采纳者—绿色行为二分网络中绿色行为节点的连通度分布与采纳者的模仿概率之间关系如何,是本章关注的重点和需要解决的问题。

第三节 从众行为与绿色行为采纳过程

一、从众行为

在资源型产业集群中,绿色行为信息以集群社会网络为中介扩散,资源型产业集群社会网络的复杂性,导致大量绿色行为采纳者企业交互的复杂性,集群内资源型企业相互作用、影响,绿色行为采纳者不同的采纳行为,使得整个集群内绿色行为扩散方式和路径的多元化。

学习和模仿是企业发展战略的一部分,资源型企业为了获取利益或者保持竞争优势,通常会积极主动寻求集群内外各种最新信息,其中也包括绿色行为信息,在资源消耗和环境保护的双重压力下,绿色行为信息成为许多资源型企业迫切需要获取的对象,主动学习其他采纳者的绿色决策行为,这是绿色行为采纳者"学习"特征的表现。同时,也有一部分企业结合自身的资源、科技优势,选择符合企业发展的绿色行为模式,这是绿色行为采纳者"创新"特征的表现,资源型产业集群内绿色行为采纳者总是在"创新"与"学习"中进行行为决策,从而影响集群内绿色行为的扩散。

一般情况下,资源型企业往往根据效应最大化原则,以理性的态度作出决策,但研究表明,企业的网络化发展,导致企业的决策容易受到外界环境的干扰,有时,企业也会表现出不理性的态度,从而出现认知偏差,尤其是在信息不确定的情况下,企业更容易表现出一定的从众行为。

采纳者各自的"创新"绿色行为,具有随机性;众多采纳者一致的"从众"学习和模仿行为,具有"盲从性"。作为一种有限理性的行为,资源型企业的从众行为主要表现为:企业始终表现出与"大众"一致的行为,在进行绿色行为决策时,选择一种大多数邻接企业采纳的绿色行为作为采纳的对象,而不是基于个体对绿色行为独立的判断。这样一种决策的方式虽然具有"盲从性",但在某些特定的环境下或者对于弱势企业来说,却可以降低决策的成本和风险。

绿色行为从众效应是资源型产业集群社会网络动态演化的涌现,从众行为通过模仿其他资源型企业的绿色行为,加快绿色行为的扩散速度,但同时因为其盲从性,也导致绿色行为实施过程中可能出现负面效应,通过口碑传播,而使后期采纳者在采纳决策时选择"观望"甚至"扬弃",反而阻碍了绿色行为的进一步扩散。

心理学家认为,从众行为是一种普遍存在的社会心理和行为现象。在资源型产业集群中,资源型企业作为采纳者对于绿色行为的选择呈现出从众效应一般发生在两种情况下:第一,采纳者并不是真正需要这种绿色行为,而且采纳者本身并不了解所采纳的绿色行为的信息,它采纳某种绿色行为的原因仅仅是因为群体中多数成员的采纳行为。第二,采纳者虽然有采纳绿色行为的需要和意愿,但其在采纳绿色行为的过程中,并不是基于自己独立的判断对已知的绿色行为信息进行分析比较,而是直接采纳所在群体中一般采纳的绿色行为。

资源型企业在采纳绿色行为时,其从众行为有其积极的一面,有利于缩短绿色信息搜索时间,节约成本,提高效率,同时,也有利于资源型企业对于环境保护的认知和行为合乎社会群体的规范,合乎环境规制的要求,有利于绿色行为在资源型产业集群的扩散。其消极方面在于:盲目的、没有经过自我判断的消极从众使得企业丧失活力,而且,有时候还会增加成本,产生浪费。作为采纳者有限理性的行为,采纳者的个体特性和群体特性对其从众行为有着非常重要的影响。

二、绿色行为采纳过程

资源型产业集群内资源型企业聚集,必然存在众多绿色行为的采纳者,也存在多种绿色行为模式,资源型企业依据绿色行为信息以及自身的环境和客观需求,选择能给自己带来最大利益的绿色行为方式。因为各资源型企业的需求不同,对绿色行为的偏好不同,导致企业在选择绿色行为时,不仅在种类上,而且在选择倾向的权重上均有所不同。

在资源型产业集群中,采纳者和绿色行为形成二分网络,从绿色行为被采纳者选中为实施对象,到大量采纳者因为学习、模仿或创新特性所产生的从众行为,是采纳者和绿色行为的关系状态不断转变的过程。

假定在某一资源型产业集群内有 M 个采纳者和 N 种绿色行为,在初始时刻,每个采纳者随机采纳一种绿色行为。由于集群网络的中介作用,资源型企业绿色采纳行为过程具有动态性,在每个时间间隔,采纳者总是面临如下的采纳过程。

1. 扬弃

绿色行为实施难度大,或者收益不如预期,绿色行为被迫中断。在二分网络模型中,绿色行为的扬弃,等于随机选择一个采纳者节点并断开它与绿色行为节点相连的边。这个随机选择采纳者节点的概率称为扬弃概率(discard probability),记为 $p_D(k)$。

在资源型产业集群中往往存在着大量影响资源型企业绿色行为扩散的因素,这些因素通常以随机发生的形式出现,并且很多没有预见性,采纳者受到随机发生的消极因素的影响扬弃绿色行为。在扬弃某种绿色行为过程中,资源型企业通常会选择一种新的绿色行为,等价于随机选中采纳者—绿色行为二分网络中的一条边,任意一条边被选中的概率为 $\frac{1}{M}$。假设节点的度为 k,表示有 k 条边与之相连,那么度为 k 的绿色行为节点被扬弃的概率为 $p_D(k)=\frac{k}{M}$。所以,绿色行为被扬弃的概率 $p_D(k)$ 正比于该绿色行为节点的度 k。

显然,$0 \leqslant k \leqslant M$,所以有 $p_D(k=0)=0$,$p_D(k=M)=1$。$p_D(k)=\frac{k}{M}$ 也从另一个方面说明,当网络中绿色行为的模仿者越来越多时,越多采纳者的绿色行为被扬弃的可能性也越大,因为当一种绿色行为被逐渐推广时,基于选择的差异性,越多采纳者也更倾向于扬弃该绿色行为而选择新的绿色行为。

2. 采纳

由于环境规制的约束以及每个采纳者只采纳一种绿色行为的假定,采纳者对某种绿色行为的扬弃意味着该采纳者需要重新采纳新的绿色行为。扬弃绿色行为的采纳者按照一定的概率采纳新的绿色行为,这个概率称为采纳概率(adoption probability),记为 $p_A(k)$。

在资源型产业集群采纳者—绿色行为二分网络模型中,采纳新的绿色行为等价于断开的边以某个概率 $p_A(k)$ 重新连接到其他绿色行为节点上。绿色行为采纳者在选择新的绿色行为时,总是表现出以下两个方面的特性。

1. 学习性

学习是个体以社会网络为载体获取已有知识、经验的过程。为了解决当前企业生产、经营、管理活动中资源浪费、环境污染的问题，绿色行为采纳者常常会主动相互学习经验，表现出"模仿"或"学习"的特征。具有相对优势的绿色行为通常会被更多的采纳者选中作为实施对象。如果一种绿色行为被采纳者选中越多，那么该绿色行为被新的采纳者选中的概率也就越大，表现出采纳者"择优"选择采纳绿色行为的现象。如果绿色行为节点的度为 k，那么度为 k 的绿色行为节点被选中采纳的概率为 $\frac{k}{M}$，与该绿色行为节点被扬弃的概率相等。若采纳者"学习"的概率(learning probability)为 p_l，当采纳者通过学习重新选择一种新的绿色行为时，采纳者以概率 $p_l \frac{k}{M}$ 择优选择绿色行为并重新建立连接。

2. 创新性

学习重视模仿继承，创新则强调创造和新颖。部分采纳者综合产业集群内外绿色行为的信息，依托自身科技优势，独立地分析各种绿色行为的采纳价值，然后再决定选择采纳哪一种绿色行为进行实施。从众多采纳者的整体性来看，相较于学习性的绿色行为采纳，这种选择绿色行为的方式具有随机性。自主性或者创新性的选择方式决定了采纳者不盲从地选择新的绿色行为作为采纳对象。对于 t 时刻资源型产业集群内的 N 种绿色行为，采纳者随机选择其中一种绿色行为的概率为 $\frac{1}{N}$。若采纳者创新的概率(innovation probability)为 p_i，当采纳者通过创新性重新选择一种新的绿色行为时，采纳者以概率 $p_i \frac{1}{N}$ 随机选择绿色行为并重新建立连接。资源型产业集群内绿色行为采纳者总是在创新与学习中进行行为决策，即绿色行为采纳者要么采取学习方式，要么采取创新方式选择绿色行为，因此 $p_l + p_i = 1$，即采纳者分别采取学习或创新方式进行决策，并且二者必选其一。

因此，采纳者的采纳概率 $p_A(k)$ 满足下面的等式：

$$p_A(k) = p_l \frac{k}{M} + p_i \frac{1}{N} \tag{7-1}$$

在资源型产业集群中，扬弃、采纳和观望是集群内资源型企业对同一绿色行为的 3 种不同采纳状态,在 t 时刻,绿色行为采纳者 i 对于绿色行为 j 的 3 种不同采纳状态 $s_{ij}(t)$:扬弃(断开连接)、采纳(重连)和观望(无连接),可以分别用-1、1 和 0 来表示。

资源型企业绿色行为的采纳过程中,存在一定的从众行为。采纳者网络在经过一段时间的演化后,绿色行为采纳者和绿色行为构成的二分网络趋于一种稳定的状态。此时,大量采纳者的从众行为表现为学习或模仿过程中采纳者的绿色行为采纳集中度,二分网络中绿色行为节点的连通度分布可以刻画采纳者的从众行为。

第四节 本章小结

本章主要基于网络动态演化研究资源型产业集群中企业绿色行为的演化。绿色行为通过各种途径进入资源型产业集群,集群内采纳者在学习与模仿过程中,部分绿色行为被大量采纳者采纳,由于众多采纳者学习与模仿其他采纳者的采纳策略而使得某些绿色行为在资源型产业集群整体上表现出一种流行趋势和从众行为,众多的绿色行为采纳者选择相同的绿色行为,则会引起从众行为。

同时,从宏观上来看,在市场经济条件下,资源型企业在生产、经营、管理过程中,企业内部的各相关组织以及企业之间会发生各种各样的联系,这样一种网络的形成使资源型产业集群成为一个有机的整体,绿色行为一旦产生,就会在整个资源型产业集群内演化。绿色行为的扩散是绿色行为的真正意义与价值,绿色行为只有被集群内多个资源型企业所采纳,才能有利于资源型产业集群的绿色转型。

第八章 基于演化博弈的资源型企业绿色行为扩散机制与过程

绿色行为是资源型企业可持续发展的重要手段,绿色行为的扩散能够在资源型产业集群中形成一种绿色氛围,使绿色流行起来。绿色行为的扩散是以采纳者网络为载体的社会化过程,采纳者网络描述了大量潜在采纳者及其之间绿色行为采纳决策上的相互影响关系。因此,采纳者网络本身的拓扑性质结构特征会影响采纳者的相互影响模式,从而改变资源型企业绿色行为的宏观扩散路径,进而推动资源型产业集群的绿色转型。

绿色行为扩散对于资源型产业集群的可持续发展尤为重要,已经成为众多学者、政府和资源型企业高度关注的焦点。绿色行为一经产生就会在采纳者之间传播、扩散,影响采纳者对于绿色行为的感知状态:知情与不知情,进而影响采纳者的采纳行为。采纳者之间通过各种联系形成的社会网络是一种复杂网络,具有无标度特性和小世界特性。由于复杂网络能较好地模拟客观世界,因此,研究复杂网络上的绿色行为扩散过程具有重要的现实意义。

第一节 二分网络演化稳定状态下企业绿色行为分析

在资源型产业集群中,采纳者—绿色行为二分网络的演化,是资源型企业对绿色行为采纳状态的变化,在二分网络的演化过程中,资源型企业的从众行为可以通过绿色行为节点的连通度分布来表示。

在有 M 个采纳者和 N 种绿色行为的采纳者—绿色行为二分网络中,绿色行为节点的平均度满足:

$$\bar{k} = \frac{M}{N} \tag{8-1}$$

在采纳者—绿色行为二分网络演化的某一时刻 t,连通度为 k 的节点总数

为关于时间 t 的函数,记为 $n(k,t)$,则绿色行为节点连通度分布为:

$$p(k,t) = \frac{n(k,t)}{N} \qquad (8-2)$$

因为 N 是常数,所以一旦求出节点总数 $n(k,t)$ 则可以立即求出绿色行为节点连通度分布 $p(k,t)$。

首先计算 t 时刻到 $t+1$ 时刻节点总数 $n(k,t)$ 的增量 $\Delta = n(k,t+1) - n(k,t)$,若对二分网络演化的某一时刻 t 进行分析,则可用 $n(k+1,t)p_D(k+1)[1-p_A(k+1)]$ 表示 t 时刻 $n(k+1,t)$ 个绿色行为节点的连通度由 $k+1$ 变成 k;$n(k-1,t)p_A(k-1)[1-p_D(k-1)]$ 表示 t 时刻 $n(k-1,t)$ 个绿色行为节点的连通度由 $k-1$ 变成 k;而 $n(k,t)p_D(k)[1-p_A(k)]$、$n(k,t)p_A(k)[1-p_D(k)]$ 表示 t 时刻 $n(k,t)$ 个绿色行为节点的连通度保持不变。

则节点总数 $n(k,t)$ 从 t 时刻到 $t+1$ 时刻的增量 $\Delta = n(k,t+1) - n(k,t)$ 可以用方程表示:

$$\begin{aligned}\Delta = n(k,t+1) - n(k,t) &= n(k+1,t)p_D(k+1)[1-p_A(k+1)] \\ &+ n(k-1,t)p_A(k-1)[1-p_D(k-1)] - n(k,t)p_D(k)[1-p_A(k)] - n(k,t)p_A(k)[1-p_D(k)] \quad (0 \leqslant k \leqslant M)\end{aligned}$$

$$(8-3)$$

当时间 t 足够大时,采纳者—绿色行为二分网络趋于稳定,在此状态下,绿色行为节点连通度满足等式:

$$\lim_{t \to \infty} n(k,t) = n(k) \qquad (8-4)$$

在采纳者—绿色行为二分网络的演化过程中,始终有 $0 \leqslant k \leqslant M$,因此,当 $k<0$ 和 $k>M$ 时,$n(k,t) = p_D(k) = p_A(k) = 0$。

而且当时间 t 足够大,即演化稳定状态时 $(t \to \infty)$,可以认为 $t+1$ 时刻绿色行为节点连通度与 t 时刻相等,所以有:

$$n(k,t+1) - n(k,t) = 0 \qquad (8-5)$$

因此,对等式(8-5)进行等量代换,则可以得到:

$$\begin{aligned}&n(k+1)p_D(k+1)[1-p_A(k+1)] - n(k)p_A(k)[1-p_D(k)] \\ &= n(k)p_D(k)[1-p_A(k)] - n(k-1)p_A(k-1)[1-p_D(k-1)]\end{aligned}$$

$$(8-6)$$

对等式(8-6)从形式上进行分析,不难发现,等式具有对称性,而且从实际意义来看,二分网络在达到稳定状态时,每个时间间隔的断开与重连的边数

达到均衡,则可以认为 $n(k)$ 满足方程:

$$n(k)p_D(k)[(1-p_A(k)] = n(k-1)p_A(k-1)[1-p_D(k-1)] \tag{8-7}$$

对方程(8-7)进行整理可以得到:

$$\frac{n(k)}{n(k-1)} = \frac{[1-p_D(k-1)]}{p_D(k)} \cdot \frac{p_A(k-1)}{[1-p_A(k-1)]} \tag{8-8}$$

将 $p_D(k) = \frac{k}{M}$,$p_A(k) = p_l \frac{k}{M} + p_i \frac{1}{N}$ 代入等式(8-8),则式(8-8)变为:

$$\frac{n(k)}{n(k-1)} = \frac{M-k+1}{k} \cdot \frac{\frac{p_i}{p_l}\frac{M}{N}+k-1}{\frac{M}{p_l} - \frac{p_i}{p_l}\frac{M}{N} - k} \tag{8-9}$$

利用递推公式,可以得到(李备友,2012):

$$n(k) = n(0)\frac{M}{1} \frac{\frac{p_i}{p_l}\frac{M}{N}}{\frac{M}{p_l} - \frac{p_i}{p_l}\frac{M}{N} - 1} \cdots \frac{M-k+1}{k} \cdot \frac{\frac{p_i}{p_l}\frac{M}{N}+k-1}{\frac{M}{p_l} - \frac{p_i}{p_l}\frac{M}{N} - k}$$

$$= n(0)\frac{\Gamma(M+1)}{\Gamma(k+1)\Gamma(M+1-k)} \cdot \frac{\Gamma\left(\frac{p_i}{p_l}\frac{M}{N}+k\right)}{\Gamma\left(\frac{p_i}{p_l}+\frac{M}{N}\right)} \cdot \frac{\Gamma\left(\frac{M}{p_l} - \frac{p_i}{p_l}\frac{M}{N} - k\right)}{\Gamma\left(\frac{M}{p_l} - \frac{p_i}{p_l}\frac{M}{N}\right)} \tag{8-10}$$

在初始时刻,若资源型产业集群中 M 个采纳者均选择某种绿色行为作为采纳对象,则有 $n(0)$ 取得最大值为 $N-1$;而当 M 个采纳者分别选择不同的绿色行为作为采纳对象时,$n(0)$ 取最小值 $N-M$。又因为 $n(0)$ 在 $[N-M, N-1]$ 区间上的取值与 p_i、p_l 有关,而与演化过程中的 k 无关。

因为 $p(k,t) = \frac{n(k,t)}{N}$,所以则有:

$$p(k) = \frac{n(0)}{N} \frac{\Gamma(M+1)}{\Gamma\left(\frac{p_i}{p_l}\frac{M}{N}\right)\Gamma\left(\frac{M}{p_l} - \frac{p_i}{p_l}\frac{M}{N}\right)} \frac{\Gamma\left(k + \frac{p_i}{p_l}\frac{M}{N}\right)}{\Gamma(k+1)} \frac{\Gamma\left(\frac{M}{p_l} - \frac{p_i}{p_l}\frac{M}{N} - k\right)}{\Gamma(M+1-k)} \tag{8-11}$$

将 $\bar{k} = \frac{M}{N}$ 代入(8-12)进行简化,并设系数:

$$Z = \frac{n(0)}{N} \frac{\Gamma(M+1)}{\Gamma\left(\frac{p_i \bar{k}}{p_l}\right)\Gamma\left(\frac{M}{p_l} - \frac{p_i \bar{k}}{p_l}\right)} \quad (8-12)$$

因此，则有：

$$p(k) = Z \frac{\Gamma\left(k + \frac{p_i \bar{k}}{p_l}\right)}{\Gamma(k+1)} \frac{\Gamma\left(\frac{M}{p_l} - \frac{p_i \bar{k}}{p_l} - k\right)}{\Gamma(M+1-k)} \quad (8-13)$$

从式(8-13)可以看出，绿色行为节点连通度 k 分布的解析式 $p(k)$ 可以分解成两个部分，分别是两个伽马函数的比值。

(1) 对于左边第一个伽马函数的比值，如果当 $k = M \gg 1$ 时，则此伽马函数的比值可近似表示为：

$$\frac{\Gamma\left(k + \frac{p_i \bar{k}}{p_l}\right)}{\Gamma(k+1)} \propto k^{-\gamma}[1 + O(k^{-1})] \quad (8-14)$$

其中，

$$\gamma = \left(1 - \frac{p_i \bar{k}}{p_l}\right) = 1 - \frac{(1-p_l)\bar{k}}{p_l} \leqslant 1 \quad (8-15)$$

当 $\gamma = 0$，即 $1 - \frac{p_i \bar{k}}{p_l} = 0$，也就是 $p_l = \frac{M}{M+N}$ 时，这个伽马函数的比值为常数。

(2) 对于第二个伽马函数的比值，当 $p_l < 1 - \frac{1}{M}$ 且 $k = M$ 时，则此伽马函数的比值可近似表示为：

$$\frac{\Gamma\left(\frac{M}{p_l} - \frac{p_i \bar{k}}{p_l} - k\right)}{\Gamma(M+1-k)} = \frac{\Gamma\left(M + \frac{p_i}{p_l}M - \frac{p_i \bar{k}}{p_l} - k\right)}{\Gamma(M+1-k)} \propto e^{-\zeta}\left[1 + O\left(\frac{k}{M}\right)\right]$$
$$(8-16)$$

此时，该伽马函数比值按指数衰减。其中，

$$\zeta = -\ln p_l + O(M^{-1}) \approx -\ln p_l \quad (8-17)$$

通过对上述绿色行为节点连通度 k 分布的解析式 $p(k)$ 中两部分伽马函数的比值可以发现稳定状态下绿色行为节点连通度 k 的分布规律，即当连通度 k 比较大时，采纳者—绿色行为二分网络演化的均衡状态可以分为三种情况。

(1) 若绿色行为采纳者采取学习方式选择绿色行为的概率 p_l 满足：

$$p_l \in \left[\frac{\bar{k}}{1+\bar{k}}, 1-\frac{1}{M}\right] \tag{8-18}$$

那么连通度为 k 的绿色行为节点连通度分布为：

$$p(k) \approx k^{-\gamma} e^{-\zeta} \tag{8-19}$$

这一分布符合指数截断的幂律分布，采纳绿色行为的趋势表现出不同程度的从众行为。

其中，γ, ζ 需要设定如下：

$$\gamma = 1 - \frac{(1-p_l)\bar{k}}{p_l} \leqslant 1, \ \zeta = -\ln p_l \tag{8-20}$$

同时，研究也发现，当 p_l 不属于上述区间时，即 $p_l \in (1-\frac{1}{M}, 1]$ 或者 $p_l \in [0, \frac{\bar{k}}{1+\bar{k}})$ 时，两个伽马函数的比值有比较大的差异，在度分布 $p(k)$ 的表达式中，第二个伽马函数的比值较大，在 $p(k)$ 中处于主导地位。因此，绿色行为节点连通度分布在其他两个区域上显示出不同的形态。

(2) 当 $p_l \in (1-\frac{1}{M}, 1]$ 时，连通度为 k 的绿色行为节点连通度分布主要由采纳者的学习概率决定，此时，对第二个伽马函数分析发现，其比值是 k 的增函数，随着 k 的增大而增大，当 k 取到最大值 $k=M$ 时，其比值变得非常大，这说明在此种情形下，采纳者几乎都连接到某种绿色行为，绿色行为节点连通度因此会在 $k=M$ 处呈现出脉冲尖峰形式的分布，绿色行为选择表现出很强的从众效应。

(3) $p_l \in [0, \frac{\bar{k}}{1+\bar{k}})$ 时，连通度为 k 的绿色行为节点连通度分布主要由采纳者的创新概率决定，绿色行为节点连通度近似服从二项分布，绿色行为选择表现出很弱的从众效应。而且创新概率 p_i 越接近 1（学习概率 p_l 越接近 0），绿色行为节点连通度越近似服从二项分布，而当 $p_i=1(p_l=0)$ 时，连通度分布则完全服从二项分布。

第二节 资源型企业绿色行为采纳网络及其动态演化

一、资源型企业绿色行为采纳网络选择

在资源型产业集群这一复杂社会网络中，将绿色行为采纳者视为网络的

节点,采纳者通过学习和模仿,选择相同的绿色行为,形成与被模仿者一样的绿色行为模式,从而在两个绿色行为采纳者之间连边。节点和连边是绿色采纳行为网络的基本构成,绿色采纳行为网络可以刻画资源型产业集群中绿色采纳行为的分布情况。而绿色采纳行为网络的动态演化规则,则影响绿色采纳行为分布的概率。

绿色行为在资源型产业集群扩散的过程中,集群内企业对绿色行为的采纳状态有三种:采纳、扬弃和观望,集群内企业社会网络的动态演化决定了绿色行为采纳状态的动态性。

假设在资源型产业集群中,有 M 个绿色行为采纳者,将绿色行为采纳者视为网络节点,若绿色行为采纳者 i 具有与绿色行为采纳者 j 相同方向的采纳行为(采纳、扬弃和观望),则在绿色行为采纳者节点 i 与绿色行为采纳者节点 j 之间连线,从而构成了无向网络 $A=(a_{ij})_{M\times M}$。当采纳者 i 与采纳者 j 具有相同方向的采纳行为时,用 $a_{ij}=1$ 表示,否则 $a_{ij}=0$。

学习与模仿是资源型产业集群内企业交互的重要内容,当越来越多的采纳者学习和模仿相同的绿色行为时,导致被模仿的绿色行为采纳者拥有越来越多的边,从而表现出网络节点度的变化。

二、资源型企业绿色行为采纳网络动态演化

资源型产业集群的社会网络关系对于资源型企业的绿色行为决策具有重大的影响,但管理学理论认为,决策者具有一定的理性思考能力并能够独立作出决策,故在某一段时间内,虽然资源型产业集群内外会有重大影响的事情发生,但大量的绿色行为采纳者仍然能够各自独立地作出绿色行为决策,并采取相应的绿色采纳行为。这些绿色行为采纳者根据自己掌握的绿色行为信息,独立地进行决策进而选择一种符合企业自身发展的绿色行为模式,或者通过向其他绿色行为采纳者学习,依次完成采纳行为,从而演化形成了采纳行为网络。采纳行为网络的演化步骤如下。

1. 网络初始化

在资源型产业集群中,由于资源型企业的聚集,使得整个网络中绿色行为采纳者很多,即网络的节点数 M 非常大,需要根据节点情况对网络进行划分。为了便于研究,通常需要将网络分成两部分:有连接的网络 Net1 和无连接的

网络 Net2，其中，Net1 由 m_0 个有连接节点构成，而 Net2 由其余 $M-m_0$ 个无连接节点构成。在采纳行为网络中，仍然定义采纳者的学习概率为 p_l，创新概率为 p_i，且 $p_l+p_i=1$。在初始状态时，取节点转移数目 l 为 1。

2. 建立连接

两绿色行为采纳者具有相同方向的采纳行为时，采纳者节点连线，因此，可以从网络 Net2 中随机选择一个绿色行为采纳者节点 j，将其与 Net1 中绿色行为采纳者节点 i 建立连接，则该节点 j 并入到网络 Net1 中。

在采纳行为网络中，由于绿色行为采纳者节点 j 同时具有学习与创新特性，且以学习概率 p_l 或创新概率 p_i 与节点 i 进行连接，因此在建立上述连接时，可以对采纳者绿色行为选择的方式定义如下规则。

（1）学习：新的绿色行为采纳者节点 j 以学习概率 p_l 与节点 i 进行择优连接，择优连接的概率为 $\dfrac{k_i}{\sum_j k_j}$，其中 k_i 为节点 i 的度。

（2）创新：新的绿色行为采纳者节点 j 以创新概率 p_i 与节点 i 进行随机连接，随机连接的概率为 $\dfrac{1}{m_0+l-1}$。

在采纳行为网络中，采纳者分别采取学习或创新方式进行采纳决策，并且两者必选其一，因此，绿色节点 j 与绿色节点 i 建立连接的总概率为：

$$\psi(k_i) = p_l \frac{k_i}{\sum_j k_j} + p_i \frac{1}{m_0+l-1} \qquad (8-21)$$

3. 采纳者循环

$l=l+1$；如果 $l \leqslant M-m_0$，则转向步骤 2 建立连接，否则循环在 l 处结束，整个循环中一共有 l 个节点从网络 Net2 并入到网络 Net1 中，所以网络 Net1 变为一个有 m_0+l 个节点和 l 条边的网络，而整个 Net1 网络的度之和为 $\sum_j k_j = 2l$。

随着时间 t 的推移，网络 Net2 中的绿色行为采纳者节点不断地并入到网络 Net1 中，采纳行为网络是动态演化的。而当大量的节点并入到网络 Net1 中时，则采纳绿色行为的趋势表现出很强的从众行为。事实上，采纳者的学习概率 p_l、创新概率 p_i 与采纳者之间的网络距离和空间距离有关，一般情况下，若网络距离和空间距离越小，两节点之间建立联系的可能性越大，而且由于绿色行为采纳决策过程的复杂性,导致采纳者所作出的决策并非都是理性的,其决策过程还受到决策失误因子的影响。

第三节 基于采纳者网络的资源型企业绿色行为扩散博弈分析

SIS 和 SIR 是经典的传染病模型,可以用来研究复杂社会网络上的扩散。已有研究结论主要包括与小世界网络中的扩散阈值相比,规则网络中扩散阈值明显较大,而在扩散强度相同时,扩散所能波及的范围,在小世界网络中的扩散阈值要明显大于其在规则网络中的扩散阈值(Moore et al,2000)。规则网络与小世界网络相比,两网络上的扩散行为反映了量上的不同;在无标度网络上,扩散阈值要么为负,要么非常接近于零。无标度网络上的扩散行为与其在规则网络上和小世界网络上的性质迥异(Pastor-Satorras R,2001)。

对扩散阈值的分析,说明网络拓扑结构对扩散的影响,这是 SIS 和 SIR 模型的优势所在,已有的研究结论同样适用于绿色行为在采纳者网络上的扩散,但值得注意的是这些研究往往忽略了网络节点对待扩散所采取的策略或态度。同时,从博弈的角度来研究复杂社会网络上的扩散过程,这还是一个有待深入研究的课题。

网络节点之间的关联性决定了复杂社会网络上的博弈是可变的多主体博弈。刘德海等(2004)通过构造一对多的重复博弈模型分析个体与群体之间的博弈问题;王桂强等(2006)基于群体博弈构造空间网状结构的"博弈网",表明其实质是一个完全规则网络;邓丽丽(2012)重点研究复杂网络对最后通牒博弈的影响,以及协同演化的复杂网络与博弈之间的相互作用;荣智海等(2013)基于囚徒困境和公共品博弈模型,系统比较了无标度网络上度异质性、度相关性和聚类特性对于两人和多人博弈作用机理的异同。

采纳者网络具有小世界特征和无标度特征,采纳者网络上的绿色行为扩散是复杂社会网络上的扩散,其博弈过程是博弈主体不断变化的一对多博弈,对于绿色行为扩散过程中的每一步博弈,均可以将采纳者分为知情者与不知情者两种类型。资源型产业集群中的采纳者——资源型企业由不知情者变成知情者,绿色行为被扩散出去。

在采纳者网络中,采纳者只能与局部有限个采纳者交互,从而使得绿色行为的扩散并不能同时波及到网络中的所有采纳者,而是最先扩散到绿色行为的"邻接"采纳者,然后再进一步向外围更广泛的区域扩散。在绿色行为的扩散过程中,采纳者网络上的相邻采纳者即使是对同一绿色行为也会因为对其理解的差异而采取不同的态度,对其进行扩散还是封锁,接受还是拒绝,这种态度上的差异性导致绿色行为的采纳者之间表现出对绿色行为扩散的博弈。

一、绿色行为扩散的一对多博弈

1. 绿色行为扩散博弈模型的基本假设

网络拓扑结构的选择和扩散规则的制定是网络扩散研究首先要解决的问题。绿色行为扩散的路径、方式由网络拓扑结构决定,而扩散规则的制定主要依赖于绿色行为的扩散博弈(李守伟等,2007)。采纳者网络具有无标度特性和小世界特性,是复杂社会网络。基于采纳者网络的拓扑结构特点,对绿色行为扩散博弈模型进行基本假设(李备友,2012)。

(1)感知无差异。采纳者网络中个体感知的条件、背景相似,每一个个体都具有独立决策的能力,都能够感知相邻个体扩散带来的绿色行为信息,并能够准确判断绿色行为所能带来的预期收益。

(2)二元扩散策略。将资源型产业集群内的资源型企业对绿色行为的感知状态进行二元划分:知情者和不知情者,这两类不同群体在面对绿色行为的扩散时,每一类群体的策略同样具有二元性。知情者的策略:扩散和封锁。不知情者的策略:接受和拒绝。

(3)预期收益的设定。预期收益最大化是资源型企业扩大经营管理的基本目标,也是资源型企业实施绿色行为的根本动力。假定资源型企业绿色行为实施的预期收益为 $s=|v|$,对于积极评估,$v>0$;对于消极评估,$v<0$;引入邻接共享系数 α,资源型企业个体有可能分享邻接企业的收益,若资源型企业的邻接节点的度比较大,则预示着该企业在网络中的影响力比较大,可以分享更多的收益,而当 $\alpha=0$ 时,表示没有实现邻接共享,定义 $\alpha\in[0.001,0.01]$,则资源型企业总的个体预期收入 s' 可由两部分构成,一部分来自于预期收益 s 的均值,另一部分来自于共享收益 αK 的均值。

(4)成本设定。①部分同质的资源型企业,或基于竞争优势,或基于知识产权保护,会对绿色行为进行封锁。对于绿色行为知情者,其封锁策略需要付出代价。假定其封锁成本为 c，若邻接资源型企业众多，则对企业的封锁成本肯定存在影响。一般认为，邻接企业越多，其对某种绿色行为的封锁成本会越高，这是因为邻接企业越多，企业之间的交流互动会越频繁，必然给企业的封锁策略带来一定的难度和风险。因此，本书认为企业的最终封锁成本与邻接企业个数有关，最终封锁成本 $c' = c \times K^\beta$，其中 $\beta \in (1,2)$，符合多数文献研究中成本函数的普遍设定。显然，若资源型企业对绿色行为信息的封锁成本高于收益，则放弃对其的封锁，因此，$0 < c' < s'/2$，其绿色行为扩散策略不需要任何成本。②对于绿色行为不知情者，其采取接受策略无疑需要投入一定成本，假定其投入成本为 m；若采取拒绝策略，则会因此处于一定的竞争劣势而付出一定的代价，假定其拒绝代价为 n，其中，$s' > m > n > 0$，投入成本 m 能够获得收益，而付出代价 n 却往往得不到该绿色行为所带来的任何收益。若排除一切剽窃的可能，则 m、n 值与预期总收益 s' 被分摊的程度无关，因为绿色行为获取的难度不会因其扩散而降低。

2. 绿色行为扩散的一对多博弈模型

任何资源型企业均处在一定的社会网络中，与周围的资源型企业产生交互。在采纳者网络上，一个绿色行为知情者 A 与 $K(K \geqslant 1)$ 个采纳者 $A_1, A_2, \cdots, A_K$ 邻接，采纳者 $A_1, A_2, \cdots, A_K$ 中包括 $k(0 \leqslant k \leqslant K)$ 个不知情采纳者，如果邻接采纳者 $A_{k_i}(1 \leqslant i \leqslant k)$ 是不知情者，则要与绿色行为知情者 A 进行博弈，否则不进行博弈，这是典型的一对多的博弈。若知情者 A 选择扩散策略的概率为 p，则其选择封锁策略的概率即为 $1-p$；每个不知情者 A_{k_i} 分别以概率 q 选择接受策略，以概率 $1-q$ 选择拒绝策略，因为采纳者网络中个体感知的无差异性，所以，绿色行为采纳者的个数相同则定义为同一个策略组合，忽略不同个体策略的差异。若定义这样一种规则，则绿色行为知情者 A 的 k 个邻接不知情采纳者 $A_{k_1}, A_{k_2}, \cdots, A_{k_k}$ 的策略组合共有 $k+1$ 种，有 r 个采纳者选择接受的策略组合规定为第 r 个策略组合，则第 r 个策略组合中有 r 个采纳者选择接受策略，其余 $k-r$ 个绿色行为采纳者选择拒绝策略，那么第 r 个策略组合出现的概率为 $C_k^r q^r (1-q)^{k-r}$，这也是 k 个不知情采纳者 $A_{k_1}, A_{k_2}, \cdots, A_{k_k}$ 中有 r 个采纳者选择接受策略的概率。

基于上述的基本假设，并借助博弈论这一理论分析工具，对邻接知情者策略进行分析，可以建立资源型企业绿色行为扩散一对多博弈的支付矩阵，如表 8-1 所示。

表 8-1　绿色行为知情者-资源型企业 A 与 k 个邻接不知情者-资源型企业 $A_{k_1}, A_{k_2}, \cdots, A_{k_k}$ 博弈的支付矩阵

		绿色行为知情者-资源型企业 A 与 k 个邻接不知情者-资源型企业 A_k, A_k, L, A_k 策略组合（概率）			
		k 个不知情者-资源型企业 $A_{k_1}, \cdots, A_{k_k} q^k$	$\cdots$	k 个不知情者-资源型企业 $A_{k_1}, A_{k_2}, \cdots, A_{k_k}$ 中 r 个不知情者-资源型企业 $A_{k_1}, \cdots, A_{k_r}$ 接受 $C_k^r q^r (1-q)^{k-r}$	$\cdots$	k 个不知情者-资源型企业 $A_{k_1}, A_{k_2}, \cdots, A_{k_k}$ 皆拒绝 $(1-q)^k$
知情者 A 策略	扩散 p	$\dfrac{s+\alpha K}{k+1}, \dfrac{k(s+\alpha K)}{k+1} - km$	$\cdots$	$\dfrac{s+\alpha K}{k+1}, \dfrac{r}{r+1}(s+\alpha K) - rm - (k-r)n$	$\cdots$	$s+\alpha K, -kn$
	封锁 $1-p$	$s+\alpha K - cK^\beta, -km$	$\cdots$	$s+\alpha K - cK^\beta, -km - (k-r)n$	$\cdots$	$s+\alpha K - cK^\beta, -kn$

（1）拥有 k 个邻接不知情者 $A_{k_1}, A_{k_2}, \cdots, A_{k_k}$ 的绿色行为知情者 A 的期望回报如下。

（a）绿色行为知情者 A 选择扩散策略的市场期望回报：

$$E(X_1) = \sum_{r=0}^{k} C_k^r q^r (1-q)^{k-r} \cdot \frac{s+\alpha K}{r+1} \tag{8-22}$$

（b）绿色行为知情者 A 选择封锁策略的市场期望回报：

$$\begin{aligned} E(X_2) &= \sum_{r=0}^{k} C_k^r q^r (1-q)^{k-r} \cdot (s+\alpha K - cK^\beta) \\ &= [q+(1-q)]^k \cdot (s+\alpha K - cK^\beta) \\ &= s + \alpha K - cK^\beta \end{aligned} \tag{8-23}$$

（c）绿色行为知情者 A 的期望回报：

$$\begin{aligned} E(X) &= p\Big(\sum_{r=0}^{k} C_k^r q^r (1-q)^{k-r} \cdot \frac{s+\alpha K}{r+1}\Big) + (1-p)(s+\alpha K - cK^\beta) \\ &= p\Big(\sum_{r=0}^{k} \frac{r+1}{k+1} C_{k+1}^{r+1} q^r (1-q)^{k-r} \cdot \frac{s+\alpha K}{r+1}\Big) + (1-p)(s+\alpha K - cK^\beta) \\ &= \frac{p(s+\alpha K)}{k+1} \Big[\sum_{r=0}^{k} C_{k+1}^{r+1} q^r (1-q)^{k-r}\Big] + (1-p)(s+\alpha K - cK^\beta) \end{aligned}$$
$$\tag{8-24}$$

利用组合数公式，则有：

$$\sum_{r=0}^{k} C_{k+1}^{r+1} q^r (1-q)^{k-r} =$$

$$\frac{q[C_{k+1}^1 q^0 (1-q)^k + C_{k+1}^2 q^1 (1-q)^{k-1} + \cdots + C_{k+1}^{k+1} q^k (1-q)^0] + C_{k+1}^0 q^0 (1-q)^{k+1} - C_{k+1}^0 q^0 (1-q)^{k+1}}{q}$$

$$= \frac{1-(1-q)^{k+1}}{q} \qquad (8-25)$$

所以：

$$E(X) = p(s+\alpha K) \frac{1-(1-q)^{k+1}}{q(k+1)} + (1-p)(s+\alpha K - cK^\beta)$$
$$(8-26)$$

(2) 绿色行为知情者 A 的邻接不知情者 $A_{k_1}, A_{k_2}, \cdots, A_{k_k} (1 \leqslant i \leqslant k)$ 的期望回报如下。

如果绿色行为知情者 A 的 k 个邻接不知情者 $A_{k_1}, A_{k_2}, \cdots, A_{k_k}$ 中有 r 个选择接受策略，$k-r$ 个选择拒绝策略，则

(a) 绿色行为不知情者 $A_{k_1}, A_{k_2}, \cdots, A_{k_k}$ 的市场期望回报：

$$E(Y_r) = p\left[\frac{r}{r+1}(s+\alpha K) - rm - (k-r)n\right] + (1-p)[-rm - (k-r)n]$$

$$= \frac{r}{r+1} p(s+\alpha K) - rm - (k-r)n \qquad (8-27)$$

(b) 绿色行为不知情者 $A_{k_1}, A_{k_2}, \cdots, A_{k_k}$ 市场总期望回报

$$E(Y) = \sum_{r=0}^{k} C_k^r q^r (1-q)^{k-r} \left[\frac{r}{r+1} p(s+\alpha K) - rm - (k-r)n\right]$$

$$= p(s+\alpha K)\left[1 - \frac{1-(1-q)^{k+1}}{q(k+1)}\right] - qmk - (1-q)nk \qquad (8-28)$$

对绿色行为知情者 A 与其邻接不知情者 $A_{k_1}, A_{k_2}, \cdots, A_{k_k}$ 的期望回报 $E(X)$、$E(Y)$ 进行分析发现，$E(X)$、$E(Y)$ 与邻接不知情者 $A_{k_1}, A_{k_2}, \cdots, A_{k_k}$ 中选择接受策略的不知情者数 r 无关，但与邻接采纳者个数 K 以及邻接不知情采纳者个数 k 有关。

结合微分方程定性理论，对 $E(X)$、$E(Y)$ 所代表的方程求一阶偏导数：

$$\frac{\partial E(X)}{\partial p} = 0, \quad \frac{\partial E(Y)}{\partial q} = 0 \qquad (8-29)$$

上述两方程无解析解。因此，可对 $E(X)$、$E(Y)$ 进行简化，利用二项展开式：

$$(a+b)^n = C_n^0 a^n + \cdots + C_n^r a^{n-r} b^r + \cdots + C_n^n b^n \qquad (8-30)$$

以及组合数公式：

$$C_n^k = \frac{n!}{k!(n-k)!} \qquad (8-31)$$

取 $(1-q)^{k+1}$ 的前三项作为其近似值，即：

$$(1-q)^{k+1} \approx 1 - (k+1)q + \frac{(k+1)k}{2}q^2 \qquad (8-32)$$

因此，$E(X)$、$E(Y)$ 可以分别简化为：

$$E'(X) = p\left(1 - \frac{k}{2}q\right)(s + \alpha K) + (1-p)(s + \alpha K - cK^\beta) \qquad (8-33)$$

$$E'(Y) = q\frac{k}{2}p(s + \alpha K) - qnk - (1-q)nk \qquad (8-34)$$

此时，再利用多元函数微分学理论，对 $E(X)$、$E(Y)$ 所对应的方程求一阶偏导数，则有：

$$\frac{\partial E'(X)}{\partial p} = 0, \frac{\partial E'(Y)}{\partial q} = 0 \qquad (8-35)$$

对结果进行化简，可求出绿色行为知情者 A 的期望回报 $E(X)$、绿色行为不知情者 $A_{k_1}, A_{k_2}, \cdots, A_{k_k}$ 中 r 个选择接受策略时市场总期望回报 $E(Y)$ 获得最大时，绿色行为知情者 A 采取扩散策略的概率和绿色行为不知情者 $A_{k_1}, A_{k_2}, \cdots, A_{k_k}$ 采取接受策略的概率：

$$p^* = \frac{2(m-n)}{s+\alpha K}, \quad q^* = \frac{2cK^\beta}{k(s+\alpha K)} \qquad (8-36)$$

因此，在资源型企业绿色行为扩散一对多博弈中，混合策略的纳什（Nash）均衡为：

$$\left[\frac{2(m-n)}{s+\alpha K}, \frac{s+\alpha K - 2(m-n)}{s+\alpha K}\right], \left[\frac{2cK^\beta}{k(s+\alpha K)}, \frac{k(s+\alpha K) - 2cK^\beta}{k(s+\alpha K)}\right]$$

研究结果表明：在资源型企业绿色行为扩散一对多混合策略纳什均衡的条件下，当 s、K、α、β 一定时，绿色行为知情者 A 的邻接不知情者 $A_{k_1}, A_{k_2}, \cdots, A_{k_k}$ 采取接受策略的概率 q^* 与其个数 k 成反比，即 k 值越大，q^* 值越小，而绿色行为知情者 A 的邻接不知情者 $A_{k_1}, A_{k_2}, \cdots, A_{k_k}$ 采取接受策略的概率 q^* 与封锁成本 c 成正比，即 c 越大，q^* 值越大。这是一个有趣的现象，可以用策略替代性理论解释：当采纳某种绿色行为或策略的资源型企业越多时，自己选择不同绿色行为或策略的收益就会越高,即个体偏向于与他人保持一定的差异,倾向于差异化选择。因此,当越来越多的资源型企业采纳某种绿色行为时,这种绿色行为也会越来越受到未采纳者的排斥。另一方面,当某种绿色行为的封锁成本比较高时,说明该绿色行为具有较强的竞争优势,则其必然会受到未采纳者的热烈欢迎,邻接不知情者 $A_{k_1}, A_{k_2}, \cdots, A_{k_i}$ 采取接受策略的概率 q^* 值会越大。

而对于绿色行为知情者 A 采取扩散策略的概率 p^* ,研究结果表明:在混合策略纳什均衡的条件下,绿色行为知情者 A 采取扩散策略的概率 p^* 与其邻接不知情者数 k 无关,即绿色行为知情者 A 采取扩散策略与否,并不受邻接不知情者数的影响。

二、绿色行为扩散的马尔科夫链分析

对于技术扩散的研究,部分学者已经考虑了扩散的随机性,还有部分学者提出了基于马尔科夫链的改进模型。这些研究均基于采纳者均匀分布的假设,忽略采纳者群体的结构、采纳者对技术采纳的客观性(成本)和主观性(风险)(姜启源,1998)。

绿色行为的出现同样具有不确定性以及扩散的随机性。如果某绿色行为在 t_0 时刻(初始时刻)进入资源型产业集群,则此时该绿色行为的知情者 A_i 通常要与其 k_i 个邻接不知情者 $A_{k_1}, A_{k_2}, \cdots, A_{k_i}(1 \leqslant i \leqslant k)$ 进行博弈。经过时间 t_1,部分邻接不知情者因为与其他知情者产生交互而变成知情者。假定此时绿色行为知情者 A_i 的邻接不知情者 A_j 由不知情者变成了知情者,则 A_j 又要与其 k_j 个邻接不知情者进行博弈。如此反复,绿色行为就会在整个资源型产业集群中逐渐地扩散,整个扩散过程呈现出树状,称之为扩散树,如图 8-1 所示。类似深度优先遍历,本书以博弈论为分析工具,应用马尔科夫链的理论思想,对资源型企业绿色行为扩散的步数进行分析。

1. 绿色行为扩散过程的 Markov 链

在采纳者网络中,将知情者 A_i 视为起始节点、不知情者 A_j 视为最终节点,A_i 与 A_j 通过 m 条边连接起来,绿色行为通过 A_i 向 A_j 扩散的扩散路径用 l_{ij} 表示,显然,其路径长度 $l_{ij} \geqslant 1$。经过时间 t 后,随着扩散的进行,A_i 与 A_j 路径上的若干不知情者依次变成知情者。

在资源型企业绿色行为的扩散过程中,绿色行为知情者 A_i 与其邻接非知

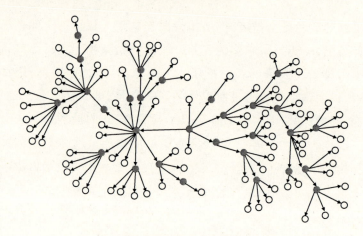

图 8-1 采纳者网络上的绿色行为扩散

情者博弈,博弈各方体现出竞争与合作的关系,各参与博弈的资源型企业实现双赢,正是博弈均衡的现实体现。资源型企业由动态的竞争到相对静态的合作——博弈均衡,这一变动演化过程体现了博弈论的实质。因此,博弈均衡不仅是资源型企业竞争的需要,也是资源型产业集群可持续发展的内在要求。资源型企业绿色行为扩散的博弈均衡具有如下几个典型的特征。

(1)采纳者状态的有限性。在资源型产业集群中,各资源型企业均是独立的个体,这些独立的个体构成采纳者网络上的节点。采纳者节点在网络上的位置不同,各节点具有相对独立性,能够依据自身的知识水平对绿色行为进行评估,以自身利益最大化来确定采取的策略,是接受还是拒绝,是扩散还是封锁,选择不同的策略,意味着采纳者处于不同的状态。策略的有限性导致采纳者在绿色行为扩散过程中的状态也具有有限性(4 个,记为 S_1, S_2, S_3, S_4)。

(2)博弈过程的无后效性。资源型企业绿色行为扩散的博弈过程具有动态性,采纳者节点的相对独立性导致博弈的独立性。一般来讲,在当前的博弈过程中,采纳者所采取的策略仅仅与博弈参与者的策略有关,而与前期已经发生了的博弈无关,即当过程在 t_k 时刻所处的状态为 S_k,t_k'' 时刻所处的状态 S_k'' 的概率特性只与状态 S_k 有关,而与 t_k' 时刻的状态 S_k' 无关,这里,$t_k' < t_k < t_k''$,绿色行为从 A_i 到 A_j 的扩散过程是随机过程,具有无后效性。

(3)状态转移概率与时间的无关性。采纳者在绿色行为扩散过程中的状态具有有限性,扩散与封锁是绿色行为知情者 A_i 的两种状态,接受与拒绝则是扩散路径上的绿色行为不知情者 A_k 的两种状态。在采纳者网络中,除绿色行为知情者 A_i 这一起始节点外,绿色行为扩散路径上的采纳者-资源型企业,要么是绿色行为知情者,要么是不知情者,其身份具有二元性,其策略状态也在接受与拒绝、扩散与封锁之间相互转换。整个绿色行为扩散过程中,采纳者的身份状态变化规律为:知情者 A_i 通过博弈将绿色行为扩散到不知情者 A_k,A_k 从不知情者变成知情者,A_k 以知情者身份再通过博弈将绿色行为扩散到其他不知情者,绿色行为扩散就这样持续下去。上述绿色行为知情者 A_i 的状态所对应的矩阵为:

$$A = \begin{bmatrix} p^* \\ 1-p^* \end{bmatrix} = \begin{bmatrix} \dfrac{2(m-n)}{s+\alpha K} \\ 1 - \dfrac{2(m-n)}{s+\alpha K} \end{bmatrix} \qquad (8-37)$$

由绿色行为知情者 A_i 向绿色行为不知情者 A_k 进行扩散的状态转移矩阵为:

$$Q = \begin{bmatrix} q_{11} & q_{12} \\ q_{21} & q_{22} \end{bmatrix} = \begin{bmatrix} q^* & 0 \\ 1-q^* & 1 \end{bmatrix} = \begin{bmatrix} \dfrac{2cK^\beta}{k(s+\alpha K)} & 0 \\ 1 - \dfrac{2cK^\beta}{k(s+\alpha K)} & 1 \end{bmatrix} \qquad (8-38)$$

上述绿色行为不知情者 A_k 的状态所对应的矩阵为:

$$B = \begin{bmatrix} q^* \\ 1-q^* \end{bmatrix} = \begin{bmatrix} \dfrac{2cK^\beta}{k(s+\alpha K)} \\ 1 - \dfrac{2cK^\beta}{k(s+\alpha K)} \end{bmatrix} \qquad (8-39)$$

绿色行为不知情者 A_k 由不知情者变为知情者的状态转移矩阵为:

$$P = \begin{bmatrix} p_{11} & p_{12} \\ p_{21} & p_{22} \end{bmatrix} = \begin{bmatrix} \dfrac{2(m-n)}{s+\alpha K} & 0 \\ 1 - \dfrac{2(m-n)}{s+\alpha K} & 1 \end{bmatrix} \qquad (8-40)$$

绿色行为在资源型企业之间扩散的过程,是两种状态转换过程不断交替进行的过程,在这个过程中,绿色行为以采纳者网络为中介,不断地扩散出去,经过一段时间之后,以状态转换停止为标志,宣告绿色行为在资源型产业集群中扩散的停止,但是在整个绿色行为扩散的过程中,状态转换的概率与时间无关。研究表明,采纳者网络上的绿色行为扩散过程是典型的马尔科夫链。

2. 绿色行为扩散步数分析

在上述的转移矩阵 P、Q 中,绿色行为采纳者的封锁和拒绝状态是由转移概率 p_{22}、q_{22} 表示的,由于 $p_{22}=1$、$q_{22}=1$,则称绿色行为采纳者的封锁和拒绝状态是该马尔科夫链的吸收态,对于具有吸收态的马尔科夫链,可以将其称为吸收链。若 Markov 吸收链 L 具有 r 个吸收态,则定义其标准形式为:

$$L = \begin{bmatrix} I_{r \times r} & 0 \\ G & V \end{bmatrix} \qquad (8-41)$$

其中 $I-V$ 是可逆的,$H=(1-V)^{-1}$,I 是 $r \times r$ 单位矩阵,$E=(1,1,\cdots,1)^{-1}$,则 $Y=HE$ 的第 i 分量是从第 i 个非吸收状态出发,被某个吸收状态吸收的平均转移次数(姜启源,1998)。

绿色行为扩散停止时,它在前期扩散过程所经历的步数,正是马尔科夫链的长度,步数的大小,反映了绿色行为扩散的广度。现假设绿色行为扩散停止时所经历的步数为 $t(t \geqslant 1)$,则某一初始时刻绿色行为知情者 A_i 的状态为:

$$A(0) = \begin{pmatrix} p^* \\ 1-p^* \end{pmatrix} = \begin{pmatrix} \dfrac{2(m-n)}{s+aK} \\ 1-\dfrac{2(m-n)}{s+aK} \end{pmatrix} \qquad (8-42)$$

采纳者网络上绿色行为扩散路径的终点 A_j 成为绿色行为知情者的状态变化过程为:

$$A(t) = QPQP \cdots QPQA(0) \qquad (8-43)$$

将 p^*、q^* 分别代入到 $A(t)$ 中进行矩阵运算,则有:

$$A(t) = \begin{bmatrix} a_1 \\ a_2 \end{bmatrix} \qquad (8-44)$$

其中,a_1,a_2 的值分别为:

$$a_1 = \left[\frac{4(m-n)cK^\beta}{(s+aK)^2}\right]^{t-1} \cdot \frac{2cK^\beta}{s+aK} \cdot \left(\prod_{j=1}^{t} k_j\right)^{-1}, \quad a_2 = 1 - a_1$$

$$(8-45)$$

在给定的绿色行为采纳者网络中,采纳者节点 A_j 的连通度 K_j 是定值且有界,且 $0 < k_j < K_j$,因为 $\lim\limits_{t \to \infty} (\prod\limits_{j=1}^{t} k_j)^{-1} = 0$,则有 $\lim\limits_{t \to \infty} a_1 = 0$。故在经历若干个扩散步数之后,绿色行为将不再被扩散。因此,通过以上分析可以表明,资源型企业绿色行为扩散的 Markov 过程是吸收链。

任何绿色行为均有其生命周期,不可能永无止境地扩散下去,绿色行为扩散停止的原因无外乎两点:①绿色行为扩散过程呈发散状,经过时间 t,到达某个扩散步数后,已经遍历采纳者网络上的大部分采纳者,绿色行为到达其传播边界,已无后续扩散的空间;②具有相对优势的,或者是替代性新的绿色行为的出现,挤压了原来绿色行为扩散的生存空间,更多不知情者选择拒绝策略而中断其扩散过程。

此外,通过矩阵运算发现:

$$PQ = QP = \begin{bmatrix} p^*q^* & 0 \\ 1-p^*q^* & 1 \end{bmatrix} \tag{8-46}$$

可对上述矩阵的行与列进行交换,则容易得到吸收链的标准形式:

$$L = \begin{bmatrix} I & 0 \\ G & V \end{bmatrix} = \begin{bmatrix} 1 & 0 \\ 1-p^*q^* & p^*q^* \end{bmatrix} \tag{8-47}$$

在绿色行为采纳者网络中,绿色行为扩散路径上各个节点所处的位置不同,度不尽相同,基于统计学意义,则:

$$q^* = \frac{2cK^\beta}{\left(\frac{1}{k}\sum_{i=1}^{k}k_i\right)(s+\alpha K)} \tag{8-48}$$

其中,k_i 表示采纳者网络中绿色行为不知情者 A_{k_i} 的节点度,$\frac{1}{k}\sum_{i=1}^{k}k_i$ 表示采纳者网络中绿色行为不知情者 $A_{k_1},\cdots,A_{k_i},\cdots,A_{k_k}(1\leqslant i\leqslant k)$ 的平均度数,$\bar{k} = \frac{1}{k}\sum_{i=1}^{k}k_i$ 也是绿色行为知情者 A_i 所平均拥有的邻接不知情者的数目。

则绿色行为扩散的平均转移次数为:

$$y = \frac{1}{1-p^*q^*} = \frac{(s+\alpha K)^2}{(s+\alpha K)^2 - \dfrac{4cK^\beta(m-n)}{k}} \tag{8-49}$$

从绿色行为扩散的平均转移次数可以看出,绿色行为在采纳者网络上的扩散步数与网络的平均邻接不知情者的数目 k 具有成反比的关系。

三、采纳者网络复杂性特征对绿色行为扩散的影响

绿色行为采纳者网络具有复杂的结构特征,其复杂性对于资源型企业绿色行为扩散具有一定的影响。绿色行为采纳者网络具有无标度特性和小世界

特性,是非常复杂的社会网络,与规则网络不同,采纳者网络的关联分布具有不均匀性,这一特征直接影响着资源型企业绿色行为扩散的方式和路径。

(1)采纳者网络上的绿色行为扩散是复杂网络上的扩散,其博弈过程是博弈主体不断变化的一对多博弈。在扩散的不同阶段,博弈参与者的数量$k+1$在不断变化,绿色行为采纳者的节点度$P(K)\sim K^{-\tau}$,服从幂律分布,那些节点度较大的采纳者节点只需要很少就能够影响到采纳者网络中大量的"叶"节点,两者的交互,使得绿色行为易于扩散。而另一方面,"叶"节点的影响面相对较窄,又大量存在,所以,在一定程度上,这又阻碍了绿色行为的进一步扩散。从绿色行为的整个扩散过程来看,在绝大部分的时间里,绿色行为扩散呈现间断性的"波浪"式爆发,中间会间隔一段很长的静止时间,在这一段时间内,系统呈现出一种短暂平衡的行为状态。

(2)绿色行为在资源型企业之间扩散的过程,是知情采纳者与不知情采纳者两种状态转换过程不断交替进行的过程。采纳者网络中绿色行为不知情者A_k的平均节点度$\bar{k}$是非常重要的参数,不仅刻画了A_k与其他个体交互的程度,同时,在扩散博弈中,绿色行为扩散停止时,所经历的步数又与$\bar{k}$成正比。此外,绿色行为采纳者网络的拓扑结构表明扩散博弈的平均步数$\bar{k}$应该与其平均最短路径$\bar{d}$成正比。

(3)在绿色行为采纳者网络中,网络的平均集聚系数$\bar{C}$是另外一个极其重要的参数,集聚系数的大小反映的是"朋友的朋友还是朋友"这样一种情况的概率大小(李备友,2012)。有研究表明绿色行为采纳者网络的聚集系数C要比随机网络的大,这说明有若干不同大小的"团体(clique)"存在于绿色行为采纳者网络,且绿色行为采纳者网络中的"团体(clique)"更多,这使得绿色行为在这些小群体中扩散,资源型企业采纳绿色行为的收益能得到更加充分的分享。

第四节 本章小结

绿色行为是资源型企业可持续发展的重要手段,采纳者网络所构成的社会关系是企业联系的纽带,绿色行为的扩散是以采纳者网络为载体的社会化过程,采纳者网络本身的拓扑性质结构特征会影响采纳者的相互影响模式,从而改变资源型企业绿色行为的宏观扩散路径,进而推动资源型产业集群的绿色转型。本章主要从采纳者网络博弈的角度分析了绿色行为在资源型企业演化的规律及其影响。

如果将采纳者和绿色行为分别看作两类节点,采纳关系看作是网络连接,那么采纳者和绿色行为形成了二分网络,此时,大部分的绿色行为节点分别被少数采纳者采纳,资源型产业集群整体绿色行为节点连通度表现为幂律分布,即绿色行为节点的连通度服从幂律分布表示资源型产业集群中的从众行为,而从众行为的不同程度则用幂律分布的不同幂指数来表示。

绿色行为采纳者网络的复杂结构特征对于资源型企业绿色行为的扩散具有重要影响。绿色行为采纳者的节点度 $P(K) \sim K^{-r}$,绿色行为扩散呈现间断性的"波浪"式爆发,且在绿色行为停止扩散时,扩散博弈的平均步数 $\bar{k}$ 应该与其平均最短路径 $\bar{d}$ 成正比。另一方面,绿色行为采纳者网络的聚集系数 C 要比随机网络的大,存在若干不同大小的"团体"(clique)。

采纳者网络上的绿色行为扩散是复杂网络上的扩散,其博弈过程是博弈主体不断变化的一对多博弈。通过对绿色行为扩散博弈的 Nash 均衡分析,发现绿色行为知情者 A 采取扩散策略的概率 p^* 与绿色行为不知情者的接受成本 m 和拒绝代价 n 之差 $m-n$ 成正比,与预期总收益 $s+\alpha K$ 成反比,即预期收益越大,绿色行为知情者为了保持竞争优势,对绿色行为扩散的态度趋于保守。而绿色行为不知情者 A_k 采取接受策略的概率 q^* 与绿色行为知情者的最终封锁成本 cK^β 成正比,而与采纳者网络中不知情者数 k 成反比,在 s、K、α、β 一定时,k 值越大,q^* 值越小。

绿色行为在资源型企业之间扩散的过程,是两种状态转换过程不断交替进行的过程,在这个过程中,绿色行为以采纳者网络为中介,不断地扩散出去。采纳者网络上的绿色行为扩散过程是典型的马尔科夫链,而且是一个吸收链。绿色行为经过一段时间的扩散之后,最终的扩散状态会变成封锁或拒绝,绿色行为停止在资源型产业集群中的扩散,绿色行为扩散的平均步数与采纳者网络的平均邻接不知情者的数目 k 成正比。

采纳行为网络对资源型企业的绿色行为决策具有重大的影响。因此,本章还对采纳行为网络的动态演化进行了分析,提出了采纳行为网络的演化步骤。本章在研究方法上,侧重于模型的构建及推导证明,以理论分析为主,研究尚处在初步阶段,而且缺少实际数据的支持,因此,理论分析结合实际数据的验证将是下一步工作的重点。

第九章 社会网络与资源型企业绿色行为扩散模型及检验

资源型产业集群社会网络的复杂性,导致大量绿色行为采纳者—资源型企业交互的复杂性,在资源消耗和环境保护的双重压力下,绿色行为信息成为许多资源型企业迫切需要获取的对象,集群内绿色行为采纳者总是在"创新"与"学习"中进行绿色行为决策,从而影响集群内绿色行为的扩散。

Bass 模型已经广泛应用于创新产品扩散或者创新技术扩散预测的研究,并取得了丰硕的研究成果,而绿色行为扩散过程与创新技术扩散过程的相似性,表明 Bass 模型具有一定的借鉴作用,但是具体的适用性还有待查明。基本的 Bass 模型常用来分析单种创新产品的扩散,本章将模型推广至解释多种绿色行为的扩散,包括两绿色行为相互影响的扩散模型:非对称扩散、互惠扩散、前提扩散、替代扩散以及多绿色行为相互影响的扩散模型,拓宽了 Bass 模型的研究范围。

第一节 资源型企业绿色行为扩散与 Bass 模型

一、绿色行为扩散的基本模型

假定在某一资源型产业集群内存在绿色行为 A,p 表示大众传媒等外部因素对绿色行为 A 的潜在采纳者—资源型企业决策的影响系数,q 表示口碑等内部因素对绿色行为 A 的潜在采纳者决策的影响系数,$f(t)$ 表示绿色行为 A 在 t 时刻的采纳者比率,若绿色行为 A 从 t_1 时刻才开始进入资源型产业集群,则 $F(t)$ 表示绿色行为 A 至 t 时刻的累计采纳者比率

$$F(t) = \int_{t_1}^{t} f(t) \mathrm{d}t \tag{9-1}$$

其中，$N(t)$表示t时刻已采纳绿色行为A的资源型企业累计个数，$N(t)=mF(t)$，m是绿色行为扩散的最大采纳者潜量，在t时刻，资源型产业集群内采纳者的瞬时采纳比率用$\dfrac{dN(t)}{dt}$来表示，即Bass扩散模型可用来描述资源型企业绿色行为的扩散，具体如下：

$$\dfrac{dN(t)}{dt}=\left[p+q\dfrac{N(t)}{m}\right][m-N(t)] \quad (9-2)$$

或者

$$\dfrac{dF(t)}{dt}=[p+qF(t)][1-F(t)] \quad (9-3)$$

其中，m,p,q是常数，且$p,q\in[0,1]$，$F(t_1)=0$，$N(t_1)=0$。

二、两种绿色行为相互影响的扩散模型

1. 非对称扩散

在t时刻，资源型产业集群内存在两种绿色行为A_1、A_2，其中，绿色行为A_2的扩散可能受到绿色行为A_1的影响，但绿色行为A_1的扩散却不受绿色行为A_2的影响，这两种绿色行为的相互影响是非对称的关系。在当前资源供求紧张的情况下，许多企业开始实施节能减排的绿色行为，这些绿色行为有可能包括废渣回收循环利用、利用企业生产过程中产生的余热发电等。企业实施节能减排的绿色行为，可能会对余热发电这一绿色行为产生促进作用，但是企业利用余热发电并非一定是实施节能减排，极有可能是应对当时电能短缺的一种临时措施。此种情形下，t时刻绿色行为A_1、A_2的采纳者比率可以表示为：

$$\begin{cases}\dfrac{dF_1(t)}{dt}=[p_1+q_{11}F_1(t)][1-F_1(t)]\\[2mm]\dfrac{dF_2(t)}{dt}=[p_2+q_{22}F_2(t)+q_{12}F_1(t)][1-F_2(t)]\end{cases} \quad (9-4)$$

其中，p_i表示大众传媒等外部因素对绿色行为A_i的潜在采纳者采纳决策的影响系数，q_{ij}表示绿色行为A_i对绿色行为A_j的口碑影响系数，$i=j$或$i\neq j$。

在上述两种绿色行为相互影响的非对称扩散模型中，绿色行为A_1的扩散对于绿色行为A_2扩散的影响是单向的、非对称的。如果绿色行为A_1对绿色行为A_2的口碑影响系数$q_{12}=0$，则认为两种绿色行为A_1、A_2互不影响，是可

以彼此独立的扩散。但当 q_{12} 较大时,则说明绿色行为 A_1 对绿色行为 A_2 的口碑影响力较强,即 q_{ij} 的大小直接决定绿色行为 A_i 对绿色行为 A_j 的口碑影响程度。

在这样一种相互影响的非对称扩散模型中,绿色行为 A_1 的扩散相对独立,而绿色行为 A_2 的扩散则易受到 A_1 的影响。因此,在两种绿色行为的扩散过程中,可以认为绿色行为 A_1 的扩散是"强化"行为,绿色行为 A_2 的扩散是"被强化"行为。

2. 互惠扩散

在资源型产业集群中,通常会存在两种相互促进对方扩散的绿色行为。当某一资源型企业因为可持续发展的需要,采纳了绿色行为 A_1,使得绿色行为 A_1 在资源型产业集群内进行了扩散,但同时,因为绿色行为 A_1 被采纳,促使绿色行为 A_2 被资源型企业采纳的可能性增大,而且当绿色行为 A_2 扩散时又反过来促进绿色行为 A_1 的扩散。这样两种绿色行为相互促进的扩散称为互惠扩散。互惠扩散最显著的特征在于两种绿色行为扩散的相互影响是双向促进的,与非对称扩散过程中的单向影响不同,当然互惠扩散也可以看作是非对称扩散中的被加强扩散。

在资源型产业集群中,某一资源型企业采纳了废渣回收的绿色行为,废渣回收绿色行为对于实施循环经济这一绿色行为的扩散具有促进作用,而反过来,实施循环经济这一绿色行为的扩散同样对企业实施废渣回收绿色行为的扩散具有促进作用,显然,这两种绿色行为的扩散是典型的互惠扩散。因此,当两种绿色行为的扩散符合互惠扩散的典型特征时,t 时刻绿色行为 A_1、A_2 的采纳者比率可以表示为:

$$\begin{cases} \dfrac{\mathrm{d}F_1(t)}{\mathrm{d}t} = [p_1 + q_{11}F_1(t) + q_{21}F_2(t)][1 - F_1(t)] \\ \dfrac{\mathrm{d}F_2(t)}{\mathrm{d}t} = [p_2 + q_{22}F_2(t) + q_{12}F_1(t)][1 - F_2(t)] \end{cases} \quad (9-5)$$

绿色行为的互惠扩散有助于绿色行为在资源型产业集群中的充分扩散,这对于资源型产业集群实施绿色转型发展战略具有重要的现实意义。

3. 前提扩散

在资源型产业集群中,也有许多的绿色行为,其扩散需要以其他绿色行为的扩散为前提条件。也就是说,资源型企业对于绿色行为 A_1 与绿色行为 A_2

的采纳具有严格的先后顺序,若绿色行为 A_1 的扩散是绿色行为 A_2 扩散的前提,则只有当绿色行为 A_1 在资源型产业集群中扩散了,绿色行为 A_2 才有扩散的可能。

在资源型产业集群中,某资源型企业实施工业废水循环利用这一绿色行为,只能够发生在实施了污水净化处理这一绿色行为之后。这两种绿色行为的采纳顺序具有先后逻辑关系,工业废水循环利用这一绿色行为的扩散是以污水净化处理这一绿色行为为前提的。在此种情形下,t 时刻绿色行为 A_1、A_2 的采纳者比率可以表示为:

$$\begin{cases} \dfrac{\mathrm{d}F_1(t)}{\mathrm{d}t} = [p_1 + q_1 F_1(t)][1 - F_1(t)] \\ \dfrac{\mathrm{d}F_2(t)}{\mathrm{d}t} = [p_2 + q_2 F_2(t)][1 - F_2(t)] \end{cases} \quad (9-6)$$

在前提扩散模型中,若绿色行为 A_1 的扩散是绿色行为 A_2 扩散的前提,则绿色行为 A_2 的扩散与否直接依赖于绿色行为 A_1 的扩散状况。而绿色行为 A_1 的扩散状况则不受绿色行为 A_2 扩散状况的影响。

4. 替代扩散(竞争扩散)

在资源型产业集群中,绿色行为 A_1 与 A_2 的作用具有相似性,因此,当资源型企业在选择采纳某种绿色行为时,既可以选择绿色行为 A_1,又可以选择绿色行为 A_2 来满足自身的需求,这样一种选择具有随机性。因此,绿色行为 A_1 与 A_2 存在一种竞争关系,具有彼此替代性。在某一时刻 t,资源型产业集群内的资源型企业数目是固定的、有限的,当越来越多的资源型企业选择绿色行为 A_1 时,就意味着越来越多的资源型企业扬弃了绿色行为 A_2,换句话说,绿色行为 A_1 的扩散抑制了绿色行为 A_2 的扩散,两种绿色行为的扩散呈现出此消彼长的特点。

在此种情形下,t 时刻绿色行为 A_1、A_2 的采纳者比率可以表示为:

$$\begin{cases} \dfrac{\mathrm{d}F_1(t)}{\mathrm{d}t} = [p_1 + q_{11} F_1(t) - q_{21} F_2(t)][1 - F_1(t)] \\ \dfrac{\mathrm{d}F_2(t)}{\mathrm{d}t} = [p_2 + q_{22} F_2(t) - q_{12} F_1(t)][1 - F_2(t)] \end{cases} \quad (9-7)$$

在替代扩散模型中,如果绿色行为 A_1 与 A_2 存在一种这样的绝对关系:A_1 在资源型产业集群中每多扩散一个单位(资源型企业)则必然导致 A_2 少扩散一个单位（资源型企业），那么，则可以认为绿色行为 A_1 与 A_2 是一种绝对的互补关系。

三、多绿色行为混合扩散模型

假定在某一资源型产业集群内存在 n 种绿色行为 $A_1, A_2, \cdots, A_n$，p_i 表示大众传媒等外部因素对绿色行为 A_i 的潜在采纳者决策的影响系数，q_{ij} 表示绿色行为 A_i 对绿色行为 A_j 的口碑影响系数，$i=j$ 或 $i \neq j$，则 t 时刻绿色行为 $A_1, A_2, \cdots, A_n$ 的采纳者比率可以表示为：

$$\begin{cases} \dfrac{dN_1(t)}{dt} = [p_1 + q_{11}F_1(t) + q_{21}F_2(t) + \cdots + q_{n1}F_n(t)][m_1 - N_1(t)] \\ \dfrac{dN_2(t)}{dt} = [p_2 + q_{12}F_1(t) + q_{22}F_2(t) + \cdots + q_{n2}F_n(t)][m_2 - N_2(t)] \\ \vdots \\ \dfrac{dN_n(t)}{dt} = [p_n + q_{1n}F_1(t) + q_{2n}F_2(t) + \cdots + q_{nn}F_n(t)][m_n - N_n(t)] \end{cases}$$

(9-8)

对于口碑影响系数 $q_{ij}(i=j$ 或 $i \neq j)$，如果

(1) $q_{ij} > 0$，则绿色行为 A_i 的扩散对绿色行为 A_j 的扩散有正向影响，A_i 的扩散促进 A_j 的扩散。

(2) $q_{ij} = 0$，则绿色行为 A_i 的扩散对绿色行为 A_j 的扩散没有影响，A_j 的扩散独立于 A_i 的扩散。

(3) $q_{ij} < 0$，则绿色行为 A_i 的扩散对绿色行为 A_j 的扩散有负向影响，A_i 的扩散抑制 A_j 的扩散。

(4) 对于采纳者潜量，如果 $m_i = m(t) = N_j(t)$ 则绿色行为 A_j 是绿色行为 A_i 的前提扩散。

第二节 绿色行为扩散预测的 Bass 模型实用性研究

传统的 Bass 模型以及发展起来的现有扩展模型通常致力于实体产品的预测研究，王日爽（2012）基于 Bass 模型对网购行为扩散进行了预测研究，并取得了良好的预测效果。绿色行为扩散过程与网购行为扩散类似，但绿色行为

的扩散具有特殊性,它其实是一种软性扩散。因此,Bass 模型是否可以应用于绿色行为扩散的研究还有待检验。

本章首先分析绿色行为扩散是否符合 Bass 模型的基本原理、建模要素以及数据要求,然后经过详细分析,对资源型企业绿色行为扩散预测的 Bass 模型适用性展开论证。

一、绿色行为扩散符合 Bass 模型的基本原理

绿色行为的扩散具有发散性,在初始阶段,绿色行为仅仅只在少数创新采纳者中缓慢扩散,经过一段时间之后,大量跟随者开始采纳,使得绿色行为迅速扩散。在绿色行为扩散初期,绿色行为采纳者多为大型国有资源型企业。这部分企业资金雄厚,并且有政府的支持,具有较强的企业社会责任感和经济风险承受能力,这正是创新采纳者特征的具体体现。绿色行为总是率先在这部分资金雄厚的资源型企业中扩散。

经过一段时间之后,绿色行为逐渐被大型国有企业的上下游企业以及周围的中小企业模仿,绿色行为采纳者范围逐渐扩大。基于前期采纳者的信息反馈,社会对绿色行为认知程度逐渐提高,绿色行为扩散越来越广泛,大型国有企业的上下游企业以及这些企业周围的中小企业,其模仿而来的绿色行为将会被更多的资源型企业模仿,在这一过程中,绿色行为不断被新的采纳者模仿,绿色行为扩散到更普通的资源型企业中。

绿色行为具有很多传统行为所不具备的相对优势。由于绿色行为可以节约资源、降低环境污染,因此绿色行为的社会效益更高,绿色行为与实体创新产品一样,都有不可替代的相对优势。

与企业传统行为相比,绿色行为在相容性方面存在明显差异:在传统生产方式中,企业习惯于追求扩大生产,快速增加经济收益,而在绿色行为过程中,企业往往收获更多的是社会效益,而且绿色行为的投资收益具有滞后性,并不能马上见到成效。

绿色行为也具有一定的复杂性。绿色行为的实施通常伴随着投资高、回报率低、周期长、风险大的特点。因此,相对于一项普通行为的采纳和实施,绿色行为的实施具有复杂性高的特点。

对于集群内的企业而言,可以通过与上下游企业的合作,或者接受周边已经采纳了绿色行为的企业指导,较为容易地掌握实施绿色行为的流程,因此,

集群内的企业因为互动交流频繁而采纳绿色行为的可能性较大。

绿色行为的结果需要已采纳者亲自对周边企业进行表述才能让周围企业明白节约资源、保护环境等方面带来的综合收益,当采纳者通过示范作用展示其采纳绿色行为的收益后,周围企业或者其他潜在采纳者采纳绿色行为的可能性将大大提高。

因此,无论是从扩散的过程来看,还是从相对优势、相容性、复杂性、可替代性和可观察性五大创新特征来看,绿色行为扩散符合 Bass 模型的基本原理(Rogers,1995)。

二、绿色行为扩散符合 Bass 模型的建模要素

采用者潜量、内部渠道影响力和外部渠道影响力是 Bass 模型建模的三大要素。这三大要素都存在于绿色行为扩散与实体产品扩散过程中,但要素的具体估计情景存在一定的差异。

绿色行为的扩散受到绿色行为采纳者数量的影响,而资源型企业数量则直接影响绿色行为的采纳者潜量。在绿色行为扩散的建模过程中,当对绿色行为采纳者潜量进行估算时,尤其要注意其与实体产品存在一定的差异,需要结合具体的情境进行有区别的估算,否则就会与事实不符。

绿色行为与创新产品不同的是,它并非某一家企业的创新发明,而是企业基于环境压力,或者预期收益驱动下企业的一种自发行为,绿色行为通过信息扩散渠道,呈现自发式扩散状态,不存在一个或者多个主体主动在绿色行为扩散的任何阶段促请大众媒体进行广告宣传,在绿色行为扩散的过程中,主要依靠自发形成的口碑传播方式对绿色行为进行扩散。

作为一种典型的"软性"创新,绿色行为的外部传播渠道影响力主要来自于绿色行为自身之外的协同因素,这些因素对绿色行为扩散过程的影响显著。同时,绿色行为的外部传播渠道影响力与实体产品也存在一定的区别。其实对绿色行为而言,绿色技术的扩散在很大程度上影响着绿色行为的扩散。这是因为与绿色行为相关的很多技术属于创新的范畴,技术创新没有达到完全扩散的程度,则制约着绿色行为的扩散,因此,很多相关技术扩散成功与否在很大程度上对绿色行为扩散产生影响。

三、绿色行为扩散符合 Bass 模型的数据要求

绿色行为实施企业的各个数据值,需要在相同的单位时间内进行搜集。本章数据从荆门、宜昌、郑州三地的资源型企业获取,企业每年都会发布一次数据,因此数据为等距时间序列数据。另一方面,与实体产品扩散不同的是,绿色行为作为一种"软性"创新,可以用绿色行为采纳者数量来体现绿色行为的扩散数量,与实体产品那样用产品扩散数量来衡量创新数量(Rogers,1995)的方法有所差异,可以用绿色行为采纳者数量来体现绿色行为的扩散数量。绿色行为采纳者数量是指采纳过绿色行为的资源型企业数量。在 Bass 模型中,对于统计数据,要求排除重复购买的数据。因此,在绿色行为的扩散过程中,每一个单位时间内只将初次采纳绿色行为的资源型企业数计算在内,第二次以后的绿色行为采纳不计算在内,即不增加采纳者的数量。

本书搜集的数据一共为 15 期,基本符合 Bass 模型对时间序列的数据点数量要求。通过上述资源型企业绿色行为扩散预测的 Bass 模型适用性分析可知,Bass 模型适用于绿色行为扩散的研究,但是,绿色行为的实际扩散情景毕竟与实体产品扩散的情景有所差异,所以,需要对 Bass 模型进行改进。一般而言,改进后的 Bass 模型与基本模型相比,更加贴近现实。基本的 Bass 模型进行预测容易产生偏差,而改进后的模型预测精度会大幅提高。

第三节 纳入社会网络等关键要素的绿色行为扩散预测研究

一、基于动态采纳者潜量的绿色行为扩散预测模型构建

利用 Bass 模型对实体产品扩散或者创新技术扩散进行预测时,往往需要对基本的 Bass 模型进行改进,以提高预测的精度。因此,在利用 Bass 模型进行研究时,如果直接利用该模型对资源型企业绿色行为扩散进行预测,很有可能会导致预测结果出现偏差,尤其是作为 Bass 模型的三大变量之一,采纳者潜量为固定不变的常数值这一假设已经不太符合现代市场环境这一新变化。其原因在于:随着科学技术的迅速发展,以及社会网络的不断嵌入,资源型企业绿色行为扩散的影响因素及扩散机理发生改变,采纳者潜量表现出动态性。

因此,在研究的过程中,为了优化预测资源型企业绿色行为扩散的效果,需要对 Bass 基本模型中采纳者潜量的原有假设根据实际情况进行改进。

在绿色行为扩散基本模型中,如果 $\tilde{N}(t)$ 表示 t 时刻绿色行为扩散过程中的有效采纳者潜量,t 时刻绿色行为采纳者与潜在采纳者之比为 $\dfrac{N(t)}{\tilde{N}(t)}$,而 t 时刻采纳者的瞬时采纳比率用 $\dfrac{\mathrm{d}N(t)}{\mathrm{d}t}$ 表示,则可以用模型来描述资源型企业绿色行为的扩散:

$$\frac{\mathrm{d}N(t)}{\mathrm{d}t} = \left[p + q\frac{N(t)}{\tilde{N}(t)}\right]\left[\tilde{N}(t) - N(t)\right] \tag{9-9}$$

绿色行为采纳者潜量具有动态变化性,受多种因素的影响,这些因素包括很多可控因素,也有大量不可控因素,采纳者潜量受到内部因素和外部因素的共同作用。本书的第三章研究表明,在置信水平 $\lambda = 0.99$ 的情况下,企业预期收益、环境规制、生态环境、产业集群的社会网络以及企业社会责任是影响资源型产业集群中企业绿色行为决策的关键因素,这些因素同样对绿色行为采纳者潜量具有重要的影响。因此,在动态采纳者潜量 $\tilde{N}(t)$ 中纳入包含集群社会网络等关键要素的综合影响效应 CE_t,则:

$$\tilde{N}(t) = \frac{2f(TE_t)}{f(TE_t) + 1} W(t) \tag{9-10}$$

其中,$f(TE_t)$ 是综合影响效应 TE_t 的函数,$W(t)$ 是 t 时刻某资源型产业集群内资源型企业总数,$\tilde{N}(t)$ 由 $f(TE_t)$ 与 $W(t)$ 复合而成,$\tilde{N}(t)$ 又称为有效采纳者潜量。

综合影响效应 TE_t 由企业预期收益效应 RE_t、环境规制效应 EE_t、生态环境效应 CE_t、产业集群的社会网络特征效应 NE_t、企业社会责任效应 SE_t 复合而成,因此 $\tilde{N}(t)$ 也可以写为:

$$\tilde{N}(t) = \frac{2f(RE_t, EE_t, CE_t, IE_t, SE_t)}{f(RE_t, EE_t, CE_t, IE_t, SE_t) + 1} W(t) \tag{9-11}$$

其中,$f(RE_t, EE_t, CE_t, IE_t, SE_t) \in [0,1]$,则 $\dfrac{2f(RE_t, EE_t, CE_t, IE_t, SE_t)}{f(RE_t, EE_t, CE_t, IE_t, SE_t) + 1} \in [0,1]$,即当综合影响效应函数 $f(RE_t, EE_t, CE_t, IE_t, SE_t) = 0$ 时,有效采纳者潜量 $\tilde{N}(t) = 0$。

$f(RE_t, EE_t, CE_t, IE_t, SE_t) = 1$ 时,有效采纳者潜量 $\tilde{N}(t) = W(t)$,所有的

企业都成为了有效采纳者潜量,这与现实情况是相吻合的,即当完全不用考虑企业预期收益、环境规制、生态环境、产业集群的社会网络以及企业社会责任时,没有企业会考虑采纳绿色行为,而只有当这些因素的综合影响效应最强时,所有企业都会采纳绿色行为。因此,基于关键要素——动态采纳者潜量的资源型企业绿色行为扩散模型为:

$$\frac{\mathrm{d}N(t)}{\mathrm{d}t} = \left[p + q\frac{N(t)}{\frac{2f(TE_t)}{f(TE_t)+1}W(t)}\right]\left[\frac{2f(TE_t)}{f(TE_t)+1}W(t) - N(t)\right]$$

$$(9-12)$$

根据非线性动力系统定性理论方法可知,当 $\frac{2f(TE_t)}{f(TE_t)+1}W(t)$ 发生变化时,绿色行为扩散的峰值以及扩散到达峰值所需要的时间也会发生相应改变,因此,在采纳者潜量 $\tilde{N}(t)$ 中纳入综合效应函数 $f(TE_t)$ 以及 t 时刻某资源型产业集群内资源型企业总数 $W(t)$,更能贴近现实地反映资源型企业绿色行为扩散的真实情况。

已有研究结果显示,当参数 p,q 值固定,且采纳者潜量 $\tilde{N}(t)$ 并非常数,而是关于时间 t 的函数时,无论是纳入递增的还是递减的采纳者潜量 $\tilde{N}(t)$,Bass 扩散曲线都揭示出扩散速率总表现为先增大后减小的规律(王日爽,2012),具体如下。

(1)当 $\tilde{N}(t)$ 是关于时间 t 的增函数时,当 $\tilde{N}(t)$ 递减时,创新扩散的峰值最大,但达到峰值所用的时间最长。这一现象说明,$\tilde{N}(t)$ 关于 t 增加时,采纳者潜量增加,但是因为峰值最大,所以需要更长的时间才能将创新完全扩散到整个目标群体中去。

(2)当 $\tilde{N}(t)$ 是关于时间 t 的减函数时,创新扩散的峰值最小,但是却最先达到峰值。这一现象说明,$\tilde{N}(t)$ 关于 t 减小时,采纳者潜量减小,但是因为峰值也最小,所以反而只需要较短的时间就能将创新完全扩散到整个目标群体中去。

本书提出的基于关键要素——动态采纳者潜量的资源型企业绿色行为扩散模型,能够较为贴近现实地反映资源型企业绿色行为的扩散过程,但模型中的综合效应函数 $f(TE_t)$ 是关于时间 t 的函数,较为复杂。因此,在利用模型进行实证分析时,可以对模型在适当的范围内进行简化。

二、实证分析

1. 数据来源

本书以宜昌、荆门、郑州三地1999—2013年绿色行为实施企业数以及资源型企业总数为依据(研究对象为三地的大中型企业),在数据处理上,以每一年作为一个时间段,总共有15期的数据。将1999年作为研究的初始年份,并将初始年份1999设定为$t=0$,那么2013年则对应于$t=14$,t时刻所对应的资源型企业总数$W(t)$以及绿色行为实施企业累计个数$N(t)$如表9-1所示。

表9-1 宜昌、荆门、郑州三地资源型企业以及实施绿色行为资源型企业历年数量

年份	1999	2000	2001	2002	2003	2004	2005	2006	2007	2008	2009	2010	2011	2012	2013
资源型企业总数	46	48	61	83	75	76	94	112	113	103	125	120	135	141	147
实施绿色行为企业数	25	29	35	43	48	51	58	67	73	75	80	83	91	97	101

2. 结果与分析

(1)模型修正。通过上文的研究,可以明确所提出的采纳者动态潜量模型在描述绿色行为扩散时具有良好的应用。通常情况下,$f(TE_t)$应该是关于时间t的函数,这给模型的实证研究带来了不少的困难。在绿色行为扩散实证研究时,可将$f(TE_t)$设为常数k,对上述模型(9-12)进行简化。因此,资源型企业绿色行为的扩散模型简化为:

$$\frac{dN(t)}{dt} = \left[p + q\frac{N(t)}{\frac{2k}{k+1}W(t)}\right] \cdot \left[\frac{2k}{k+1}W(t) - N(t)\right] \quad (9-13)$$

其中,大众媒体影响力p,口碑传播系数q以及关键要素的综合影响效应k为模型的3个参数。在本研究中,采用Eviews 7.2软件对模型所涉及的3个参数p、q、k进行估计。

先将方程(9-13)展开,化简可得:

$$\frac{dN(t)}{dt} = p\frac{2k}{k+1}W(t) + (q-p)N(t) - \frac{q(k+1)N^2(t)}{2kW(t)}$$

$$(9-14)$$

(2)参数估计。采用Eviews 7.2软件对方程(9-14)进行参数估计,结果

如表9-2所示。

表9-2 模型参数估计量

系数	回归估计结果	t 值	t 临界值
$p\dfrac{2k}{k+1}$	0.078	0.198($p=0.846$)	1.782($p=0.05, v=12$)
$q-p$	0.373	0.297($p=0.772$)	1.782($p=0.05, v=12$)
$\dfrac{q(k+1)}{2k}$	0.632	-0.635($p=0.538$)	1.782($p=0.05, v=12$)

拟合度 $R^2=0.71$，但回归系数 $p\dfrac{2k}{k+1}$ 的值没有通过 t 检验。可以推断参数 p 对于方程的贡献意义非常小，因此，需要删除此参数。资源型企业绿色行为的扩散模型(9-14)可以简化为：

$$\frac{dN(t)}{dt} = qN(t) - \frac{q(k+1)N^2(t)}{2kW(t)} \tag{9-15}$$

对方程式(9-15)进行回归，各参数估计结果如表9-3所示。

表9-3 模型参数估计量

系数	回归估计结果	t 值	t 临界值
q	0.622	8.88($p=0.000$)	1.782($p=0.05, v=12$)
$\dfrac{q(k+1)}{2k}$	0.828	-7.85($p=0.000$)	1.782($p=0.05, v=12$)

回归拟合度 $R^2=0.71$，且各参数通过了 t 检验，因此，说明模型对实际数据的拟合较好。

对结果进一步分析，发现2009年和2011年的实际值与估计值相差较大，其原因在于2009年时，由于资源需求总量的快速增长，宜昌、荆门、郑州三地出于经济发展的需要，大力发展资源产业，因举办奥运会在2008年关闭的一些存在污染问题的企业又重新开始生产，导致资源型企业总数的大幅增加，而环境监管的力度与2008年相比有所松懈，因此，绿色行为实施企业总数并未出现相应的大幅增加。另一方面，2011年，荆门市名列住房和城乡建设部国家

图 9-1 模型实际值、估计值以及残差

园林城市,为了向生态宜居城市转型,全市加大粉尘污染治理力度,并外迁了部分污染企业。与此同时,宜昌市全面实施三峡库区水环境治理,而郑州市则铁腕治理污染,将环境违法企业列入黑名单,通过新闻媒体公开曝光,公布违法事实和查处意见,并对黑名单企业实施信贷、上市、产品出口等限制性措施。三地均加强了环境监管的力度,环保措施的出台极大地刺激了绿色行为的实施,从而该时间点的绿色行为实施企业大增。这些突然产生的外部干预作用,使得模型在2009年和2011年这两点时的预测效果受到影响。总体而言,除了2009年和2011年这两点之外,虽然其余点的数据估计值与实际值也有出入,但差距较小,因此,可认为模型总体估计效果良好,动态采纳者潜量扩散模型能较好地描述资源型企业绿色行为的扩散。

(3)结果分析。根据表 9-3 中 q 和 $\dfrac{q(k+1)}{2k}$ 的回归结果进一步分析可以解得: $q=0.622, k=0.602$,对计算结果分析如下。

(a)有效采纳者潜量。当综合效应 $k=0.602$ 时,$\tilde{N}_1(t)=\dfrac{2k}{k+1}W(t)$,即 $\dfrac{\tilde{N}_1(t)}{W(t)}=\dfrac{2k}{k+1}=0.75$,说明绿色行为采纳者最大有效采纳者潜量占资源型企业

总数的75%。通过2013年4月以及7月下旬至8月中旬在湖北宜昌、荆门、河南郑州三地进行的资源型企业深入访谈和实地调研，了解到多数企业均有采取绿色行为的愿望，但由于有些绿色行为信息的不对称，以及受资金和技术等约束，绿色行为还未能成为部分企业当前迫切发展的需要；另一方面，部分资源型企业对环境保护的认识不足，把绿色行为的实施作为对环境规制的应付性手段，环境监管的力度强化时，企业实施绿色行为，环境监管的力度弱化时，企业逃避绿色行为。同时，部分地方政府只注重当前经济发展，忽略对生态环境的保护，通常情况下为对当地经济发展有突出贡献的资源型企业大开绿灯，对其污染环境的行为睁一只眼闭一只眼。由于以上原因，这部分企业在短期内难以形成主动实施绿色行为的习惯，因此绿色行为采纳者的最大潜量为同年资源型企业累计数的75%这一比例符合中国现实情况，具有可信度。

(b)信息扩散渠道。在第一次回归时，系数$p\dfrac{2k}{k+1}$没有通过检验，说明大众媒体影响系数不显著，应该删去该参数，对模型进行修正。Rogers对创新扩散的研究表明大众媒体影响系数不显著的原因在于：在初期的认知阶段和说服阶段，创新产品的推广依赖于大众传媒，但在最终的采纳和拒绝阶段，口碑的作用更加显著(Rogers,1995)。很多实体产品生产厂商，为了获取更大的经济效益，在实体产品推广前期，不惜采取多种推广手段对新产品进行推广，在电视、广播、报纸、户外广告等传统媒体上面开辟专栏，不遗余力地推广产品相关信息，这些大众传媒对实体产品的扩散具有非常好的促进作用。

与实体产品相比，绿色行为的效应具有滞后性，而且绿色行为的扩散依赖于政府规制和企业社会责任感知，具有一定的被动性，绿色行为产生的利益有一部分是社会效应，从经济学角度来看属于"公共财产"(卢现祥等,2007)，个体无法对生态环境的未来发展负责。因此，大众媒体在绿色行为扩散过程中所起的作用较小。

绿色行为模式是资源型企业敢于承担社会责任，企业自身价值与社会价值的体现，企业在采纳绿色行为的过程中，需要对绿色行为信息进行选择、分类、整合，然后基于对环境保护的认知，根据企业自身的规模，作出决策，这是一个利益博弈的过程，需要大脑协调处理各种外部信息。认知选择可能性理论认为，大脑需要作出更多努力才能接受这些复杂创新(Chaiken,1999)。因此，大众媒体单向的信息传播模式对于企业绿色行为的决策影响非常有限，资源型企业采纳新的绿色行为模式大多通过口碑渠道进行。双向性、有针对性是口碑渠道传播信息的特点,口碑传播可以促进强硬观念的形成,大众传媒只能做到改变某些薄弱观念(Rogers,1995)。

3. 预测精度检验

本章利用考虑动态采纳者潜量的 Bass 模型对资源型企业的绿色行为扩散进行了研究,但模型预测结果的精度还有待检验,在进行预测精度检验研究时,通常的做法是将所采集的样本均分成两部分,若用样本的前一段数据来对 Bass 模型所涉及的参数进行估值,则将剩下来的后一段数据代入参数估计的模型中,通过对样本实际值和模型所产生的预测值进行对比分析,以此来评价所构建的 Bass 模型预测功能的优劣。该方法可以在保证精确度比较客观的基础上,检验模型各参数的鲁棒性。本书的研究中,所能采集到的数据相对较少,所以选取 1999 到 2011 之间的一段数据进行参数估计,而选取 2012 以及 2013 这两个时间数据作为检验性数据。

在衡量本书所构建的考虑动态采纳者潜量的绿色行为扩散模型的预测精度时,平均相对误差绝对值是一种很有效的方法,MAPE 值反映模型的预测精度,值越小,说明模型预测精度越高;Theil 统计量则用来检验模型预测结果的拟合程度,值越小,说明模型的拟合程度越高。

经过计算,将基本的 Bass 模型与本书建立的考虑动态采纳者潜量的绿色行为扩散模型预测效果对比列表如下(表 9-4)。

表 9-4 预测效果对比

模型	MAPE 值	Theil 统计量	R^2
Bass	41.26	0.1836	−0.03
绿色行为扩散模型	18.77	0.0954	0.71

从表 9-4 中可以看出,如果直接使用 Bass 模型对资源型企业的绿色行为扩散进行预测,则预测效果较差,而纳入动态采纳者潜量之后的资源型企业绿色行为扩散模型不仅拟合度有了大幅提高,其 MAPE 值(18.77)、Theil 不等系数值(0.0954)均远远小于 Bass 基本模型的 MAPE 值(41.26)、Theil 不等系数值(0.1836)。上述数据分析表明,本章所构建的绿色行为扩散模型与 Bass 基

本模型相比，预测效果较好。因此，在 Bass 模型中考虑动态采纳者潜量对绿色行为扩散进行研究更加贴近现实。

第四节 本章小结

在基本的 Bass 模型中，总是假设采纳者潜量保持固定不变，但事实并非如此，绿色行为潜在采纳者数量往往受到资源型企业数量的影响，随资源型企业数量的变化而变化。另一方面，研究发现绿色行为采纳者中最大有效采纳者潜量占资源型企业总数的 75%。这一现象说明，还有很多的资源型企业根本就没有实施绿色行为的计划，政府应充分发挥关键要素的综合影响效应，推动更多的资源型企业采纳绿色行为。基于这一观点，需要对 Bass 模型加以改进。因此，本章从 Bass 模型的基本原理、建模要素、数据要求这三个方面对其预测绿色行为扩散的实用性进行研究，进一步证实预测研究的可行性。而分析的结果表明，Bass 模型适用于绿色行为扩散的预测。

本章利用包含资源型企业数量的时间函数代替原 Bass 模型中的采纳者潜量固定值，并在动态采纳者潜量 $\widetilde{N}(t)$ 中纳入包含集群社会网络结构等关键要素的综合影响效应 CE_t，构建采纳者潜量动态变化的绿色行为扩散预测模型。改进后模型的拟合度比基本的 Bass 模型有大幅提高，并且 MAPE 值和 Theil 值均大幅下降，表明本章所构建的绿色行为扩散模型与 Bass 基本模型相比，预测效果相当显著。

第十章 研究结论和展望

第一节 研究结论

本书围绕企业社会网络对企业绿色行为的影响机理,研究了社会网络中企业绿色行为的形成与扩散机制。该研究运用了社会网络分析、案例研究、结构方程系统分析等方法,吸收了复杂网络、企业行为、行为扩散研究成果,试图揭示企业绿色行为的社会嵌入性、复杂性。该研究从社会网络视角揭示了社会因素对企业绿色行为的影响机制,进一步完善了企业绿色行为理论,也拓展了社会网络理论在企业行为与战略方面的应用研究。研究成果可为企业绿色战略管理及政府环境政策制定提供一定的理论支持。

研究内容和结论主要归纳如下。

(1)通过文献研究,分析了企业绿色行为国内外研究现状,并对相关研究进行了述评;梳理了社会网络、复杂网络、行为扩散等相关理论,在此基础上提出本书的研究内容及研究方法。

(2)在文献研究和理论探索的基础上建立了社会网络对企业绿色行为影响的概念模型。首先,选取了三家资源型企业作为典型案例企业进行实证研究,通过案例企业的社会网络构成及特点、企业绿色行为形成过程以及企业管理者认知和资源获取分析,验证并修正了社会网络对企业绿色行为影响模型。其次,通过大样本调查,运用结构方程系统分析方法,验证了该模型。实证研究表明:企业社会网络结构和网络关系对管理者认知和资源获取都存在正向影响,其中,管理者认知受网络关系的影响更大,资源获取受网络结构的影响更大;企业管理者认知和资源获取对常规绿色管理行为和环境技术创新行为都存在正向影响。但企业常规绿色管理行为和环境技术创新行为受资源获取的影响更大,这说明资源获取是影响企业环境行为的主要变量;企业管理者认知和资源获取的中介效应显著,说明二者确实在"企业社会网络—绿色行为"关系中起完全中介作用。

(3)基于熵权模糊评价法,在对典型资源型企业调研基础上对社会网络中企业绿色行为决策关键因素进行分析。结果表明,在置信水平 $\lambda=0.99$ 情况下,企业预期收益、环境规制、生态环境、企业社会网络以及企业社会责任是影响企业绿色行为决策的关键因素;当时滞超过 $\frac{\pi}{2(A_x+B_x)}$,则会制约绿色行为在整个产业内的扩散效果,时滞临界点更多地依赖于环境规制、经济预期收益等外部性因素的影响。

(4)从采纳者—绿色行为的二分网络和采纳行为网络的角度研究了从众行为的演化规律。通过构建采纳者—绿色行为的二分网络,以理论推导的方式,分析采纳者—绿色行为二分网络演化稳定状态下采纳者学习概率3种不同的取值范围时采纳从众行为的演化规律。分析表明,在有 M 个采纳者和 N 种绿色行为的采纳者—绿色行为二分网络中,绿色行为节点的平均度满足:$\bar{k}=\frac{M}{N}$。则有:①当绿色行为采纳者的学习概率 $p_l\in[0,\frac{\bar{k}}{1+\bar{k}})$ 时,采纳者采纳绿色行为的趋势近似服从二项分布,绿色行为选择表现出非常弱的从众行为;②当绿色行为采纳者的学习概率 $p_l\in[\frac{\bar{k}}{1+\bar{k}},1-\frac{1}{M})$ 时,其采纳绿色行为的趋势表现出不同程度的从众行为,采纳者的采纳行为服从不同的具有指数截断的幂律分布,少数绿色行为被大量采纳者采纳,但大多数绿色行为很分散地被采纳者采纳;③当绿色行为采纳者的学习概率 $p_l\in(1-\frac{1}{M},1]$ 时,采纳者采纳绿色行为的趋势近似服从脉冲分布,绿色行为选择表现出很强的从众效应。

(5)从采纳者网络博弈的角度分析了绿色行为在资源型产业集群中的扩散规律及其影响。通过对企业绿色行为的扩散博弈分析,发现企业绿色行为知情者 A 采取扩散策略的概率 p^* 与绿色行为不知情者的接受成本 m 和拒绝代价 n 之差 $m-n$ 成正比,与预期总收益 $s+\alpha K$ 成反比,即预期收益越大,绿色行为知情者为了保持竞争优势,对绿色行为扩散的态度趋于保守。而绿色行为不知情者 A_j 采取接受策略的概率 q^* 与绿色行为知情者的最终封锁成本 cK^β 成正比,而与采纳者网络中不知情者数 k 成反比,在 s、K、α、β 一定时,k 值越大,q^* 值越小。采纳者网络上的绿色行为扩散过程是典型的马尔科夫链,而且是一个吸收链。绿色行为以采纳者网络为中介,不断地扩散出去,但是经过一段时间之后,最终的扩散状态会变成封锁或拒绝,绿色行为停止在资源型产业集群中扩散。绿色行为扩散的平均步数与采纳者网络的平均邻接不知情者的数目 $\bar{k}$ 成正比。

(6)基于 Bass 模型的企业绿色行为扩散预测研究。企业绿色行为扩散符合 Bass 模型的基本原理、建模要素以及数据要求。首先,基于 Bass 模型的数学意义,构建绿色行为相互影响扩散的初步模型,并用包含资源型企业数量的时间函数代替 Bass 基本模型中的采纳者潜量固定值,并在动态采纳者潜量 $\tilde{N}(t)$ 中纳入包含集群社会网络结构等关键要素的综合影响效应 CE_t,构建采纳者潜量动态变化的绿色行为扩散预测模型,通过实证分析,验证了该预测模型合理性。

(7)基于实地调查,分析了我国资源型企业绿色行为现状、影响因素并提出相应对策。调查发现,总体而言,我国资源型企业有一定的绿色意识,比较重视生产过程控制、管理制度的规范,但环保制度的建设和执行还有待提高、员工绿色意识及相关技能有待增强、绿色技术创新的投入和产出明显不足、环保专业人才缺失较为严重。资源型企业绿色行为与绿色认知、资源能力、合作预期、社会网络呈显著正相关,绿色认知不到位、资源能力的不足、合作预期不高、社会网络结构较为单一,一定程度上影响了资源型企业绿色行为。因此,政府要根据资源型企业绿色发展中存在的问题及影响因素,有针对性地采取相关的政策措施,从而提高企业绿色认知,增强企业绿色发展的积极性和主动性。基于社会网络对企业绿色行为的影响机制,政府要高度关注企业与相关组织的交流与合作并发挥作用。

第二节 研究成果学术价值及实践启示

本书主要围绕企业绿色行为社会网络的嵌入性进行研究。本书研究成果丰富了企业环境行为理论,主要学术贡献具体如下:

(1)企业绿色行为受多种因素的影响,已有研究主要讨论技术、经济、制度因素对企业环境行为影响机制,本研究从社会网络视角揭示了社会因素对企业环境行为的影响机制。

(2)在企业管理者认知对企业绿色行为的影响机制研究中,现有研究强调环境形势、环境规制认知的作用,本研究以企业为决策主体,基于认知的机会识别理论,在先前环境形势、环境规制认知的基础上,增加了绿色行为效果认知、相关方合作预期,更符合企业实际环境决策行为。

(3)企业绿色行为体现在企业生产经营全过程中,已有研究主要从具体活动来划分,本研究基于企业绿色发展程度差异,将企业环境行为划分常规绿色管理和环境技术创新,分别对应于企业浅绿和深绿发展战略,这种维度划分有助于反映企业环境行为的战略意图。

(4)在企业绿色行为演化研究中,关于企业绿色管理与企业外部因素的互动在网络层次上是如何发生并怎样对企业绿色管理演化产生影响的,以往研究并未加以关注和探讨。本研究基于经济行为的社会嵌入理论和网络动力学相关研究,通过分析企业绿色管理嵌入的不同形态社会网络与企业绿色管理之间的互动,建立了企业绿色管理的演化机制,为解决现有研究在企业绿色管理发展阶段性上存在的分歧提供了新的思路。

(5)在企业绿色行为扩散研究中,应用非线性动力系统定性理论方法分析时滞对资源型企业绿色行为扩散 Logistic 确定时滞模型平衡解稳定性的影响,明确时滞对于关键要素的依赖;以博弈论为工具,对绿色行为扩散进行马尔科夫链分析,揭示采纳者网络的复杂拓扑结构对绿色行为扩散的影响;构建采纳者潜量动态变化的绿色行为扩散 Bass 预测模型。

(6)拓展了社会网络理论在企业行为与战略方面的应用研究。先前社会网络对企业行为与战略的影响研究,主要探讨社会网络资源获取机制、有效信息沟通机制,本研究中基于心理行为过程理论,探索了社会网络对企业行为及战略影响的认知机制,拓展了社会网络理论在企业行为与战略方面的应用研究。

成果主要价值主要体现为对企业绿色发展实践及政府资源环境政策措施制定的具有一定的指导意义。

对企业绿色发展的启示:①企业绿色发展的限制条件可以通过社会网络外部获取,企业要提高发掘、获取、利用社会资本以及重构社会资本的意识和能力。②管理者需要加强对网络环境和绿色行为的认知程度,并充分发挥自身能动性,对网络嵌入做出自主性的战略组织和调整。一方面通过网络的自主构建来更有效获取社会资本,另一方面防止对特定网络的过度嵌入,尤其是对商业网络的过分投入,将可能造成企业对绿色行为的认知和投入不足。③

重视绿色行为的成功实施对社会网络其他成员以及企业管理者自身认知的积极影响。尤其在绿色发展的早期阶段,通过集中的资源投入,以成功的项目实施来发挥示范和带动效应。

对政府环境政策措施的启示:①政府作为企业的社会网络节点,一方面应强化对企业绿色行为的资金和政策等支持,同时在网络构建上发挥一定的支持和引导作用,帮助企业建立产学研合作网络以及基于产业链的生态网络。②加强对企业绿色行为的正面宣传和推广,通过组织国家、区域、跨行业和行业内的学习和交流活动,促进对绿色行为的网络学习和组织学习。③建立企业绿色发展的标准及相应评价、准入、退出机制,强化企业管理者的资源节约、环境保护意识。④加强对在绿色行为方面具有开拓、创新意识和行为的企业管理者的鼓励和支持,以进一步增强企业管理者从事绿色行为的信心和积极性。⑤针对企业绿色行为的不同阶段,政府应采取合理、有效政策措施和手段,强化对企业环境管理的支持、协调和引导作用,以帮助建立和完善社会网络与企业环境管理之间的良性互动空间。

第三节 研究展望

企业行为的社会嵌入性已然得到学界的广泛认可,社会网络理论在企业战略与行为方面的应用研究也越来越多,对于揭示企业行为规律具有重要的意义。本书对基于社会网络的企业绿色行为的形成与扩散研究进行了一定程度的探讨。鉴于企业社会网络的复杂性、企业行为的多样性,加上课题组成员学识和能力的有限性,本书还存在局限性和不足,仍然还有广阔的继续研究的空间。在未来的研究中,可从以下几个方面作进一步探讨延伸。

(1)本书的研究对象将资源型企业列为一类,其他生产企业也同样因污染物产生会形成绿色行为,因此可在其他类型企业中拓展本研究。

(2)资源型企业分类较多,细分每种行业因生产工艺及产品的不同,所产生的污染物也不同,如煤炭行业污染物为粉尘,化工行业污染物为有毒污水废气等,它们形成的绿色行为也具有不同的侧重点,因此可以更具体地研究某细分行业的社会网络对绿色行为形成的作用机制。

(3)在社会网络对企业绿色行为的影响模型实证中,量表主要基于个体中心及认知视角设计,带有一定的主观性。样本采取便利抽样方式产生,一定程度上影响研究结论的普适性。因此,对于企业社会网络、企业绿色行为的量表设计及抽样方法方面,还需要进一步优化。

(4)本书借助博弈论这一理论工具,以绿色行为扩散的方式和路径为切入点,分析绿色行为采纳者网络的复杂性结构特征对绿色行为扩散的影响,但绿色行为采纳者网络对绿色行为扩散影响程度的大小还未涉及,有待进一步研究。另一方面,企业的行为特征具有多样性,导致绿色行为在不同的采纳群体中的扩散规律具有差异性,因此,在后续的研究中,将会尝试选取不同的采纳群体作为研究对象,分别探索绿色行为在不同的资源型企业群体中的扩散规律。

(5)对网络动态研究的深入程度还不够,而且只是单向研究网络对于绿色行为扩散的影响,未能研究采纳者网络和绿色行为的双向互动关系。在研究过程中,对于绿色行为扩散规则和网络结构的设定过于简化,网络模型局限于推导、证明以及理论分析,缺乏实际数据作为支撑。在未来的研究中,将会及时跟进国内外有关复杂网络模型的最新研究成果,建立更好的模型,以实际数据作为支撑对采纳者网络和绿色行为的双向互动关系进行研究。

(6)动态采纳者潜量 $\tilde{N}(t)$ 中纳入包含集群社会网络结构等关键要素的综合影响效应 CE_t,但函数表达式过于简单,而且在实证研究时,进一步简化为资源型企业数量的线性函数,Bass 模型的拟合度和预测精度还有待进一步提高。采用其他复合型的曲线函数,或者在函数中纳入更多的要素,更加贴近现实地反映绿色行为采纳者潜量和资源型企业数量之间的关系以提高模型预测精度,将是下一步研究的重点。

主要参考文献

敖宏,邓超.论循环经济模式下我国资源型企业的发展策略[J].管理世界,2009(4):1-4.

毕桥,方锦清.网络科学与统计物理方法[M].北京:北京大学出版社,2011.

边燕杰,丘海雄.企业的社会资本及其功效[J].中国社会科学,2000(2):87-99.

蔡勇美,郭文雄.都市社会学[M].台湾:台湾巨流图书公司,1984.

曹振杰.论循环经济对西部地区资源型企业高成长的作用机理[J].内蒙古财经学院报,2007,3(3):38-43.

陈浩.环境污染的经济学分析[D].乌鲁木齐:新疆大学,2006.

陈宏辉,贾生华.利益相关者理论与企业管理伦理的新发展[J].社会科学,2002(6):53-57.

陈宏辉.利益相关者管理——企业伦理管理的时代要求[J].经济问题探索,2003(2):68-71.

陈江龙,等.太湖地区工业绿色化进程研究——以无锡市为例[J].湖泊科学,2006,18(6):621-626.

陈黎明,邱菀华.基于熵权的大型项目决策影响因素模糊分析[J].预测,2003,22(3):65-67.

陈守明,郝建超.证券市场对企业环境污染行为的惩戒效应研究[J].科研管理,2017,(38):494-501.

陈忠,盛毅华.现代系统科学学[M].上海:科学技术文献出版社出版,2005.

褚建勋.基于复杂网络的知识传播动力学研究[D].合肥:中国科学技术大学,2006.

单标安,蔡莉,费宇鹏,等.新企业资源开发过程量表研究[J].管理科学学报,2013,16(10):81-94.

邓丽丽.复杂网络上的最后通牒博弈[D].天津:天津大学,2012.

邓学军.企业家社会网络对企业绩效的影响研究[D].广州:暨南大学,2009.

董保宝.高科技创新企业网络中心度、战略隔绝与竞争优势关系研究[J].管理学报,2013,10(10):1478-1484.

董明,柴有.资源型企业发展循环经济探析——以金川公司为例[J].中国矿业,2011,2(8):15-18.

董微微.基于复杂网络的创新集群形成与发展机理研究[D].长春:吉林大学,2013.

董仲义. 企业环境社会责任研究——基于 L 市工业企业的实证调查[D]. 武汉:华中农业大学,2012.

窦红宾,王正斌. 网络结构、知识资源获取对企业成长绩效的影响——以西安光电子产业集群为例[J]. 研究与发展管理,2012,24(1):44-51.

杜建国,王敏,陈晓燕,等. 公众参与下的企业环境行为演化研究[J]. 运筹与管理,2013(22)1:243-251.

段茂盛,张希良,顾树华. 基于微观决策理论的创新扩散模型[J]. 系统工程理论与实践,2001,21(6):46-51.

范阳东,李瑞. 企业环境管理自组织机制的驱动因素及动力模型研究[J]. 工业技术经济,2010,2(11):31-39.

符正平,曾素英. 集群产业转移中的转移模式与行动特征——基于企业社会网络视角的分析[J]. 管理世界,2008(12):83-92.

高明瑞,黄义俊. 绿色管理与利害相关人关系之研究:台湾 1000 大制造业之实证分析[J]. 中山管理评论,2000(3):537-565.

顾自安. 制度演化的逻辑——基于认知进化与主体间性的考察[M]. 北京:科学出版社,2011.

桂烈勇. 公众参与环境管理的理论与实践创新[J]. 云南环境科学,2003(1):28-30.

郭劲光,高静美. 网络、资源与竞争优势:一个企业社会学视角下的观点[J]. 中国工业经济,2003,3:79-86.

郭雷,许晓鸣. 复杂网络[M]. 上海:上海科技教育出版社,2006.

郭莉. 产业生态网络模式的比较分析:一个实证研究[J]. 科研管理,2009,30(4):37-43.

郭耀煌,贾建民. 综合评价与排序[J]. 系统工程理论与实践,1990,10(2):26-30.

韩超. 煤炭企业绿色发展战略[D]. 阜新:辽宁工程技术大学,2005.

韩立岩,汪培庄. 应用模糊数学[M]. 北京:首都经济贸易大学出版社,1998.

杭艳秀. 中国企业绿色管理问题研究[D]. 哈尔滨:东北农业大学,2003.

何大韧,刘宗华,汪秉宏. 复杂系统与复杂网络[M]. 北京:高等教育出版社,2009.

贺灿飞,高翔,潘峰华,等. 城市可持续发展和企业的环境行为——对昆明市企业环境行为的分析[J]. 城市发展研究,2010,17(7):29-35.

胡美琴,骆守俭. 基于制度与技术情境的企业绿色管理战略研究[J]. 中国人口资源与环境,2009,19(6):75-79.

胡美琴,骆守俭. 跨国公司绿色管理影响因素的实证研究[J]. 中南财经政法大学学报,

2009,169(4):37-42.

胡中功,叶春生.新技术扩散的传染病模型及实证分析[J].武汉工业大学学报,1998, 02:78-80.

黄梅,甘德欣,唐常春,等."两型社会"背景下长株潭生态工业网络构建研究[J].经济地理,2011,31(2):271-276.

黄玮强,庄新田.复杂社会网络视角下的创新合作与创新扩散[M].北京:中国经济出版社,2012.

黄秀山.公众环保意识与三峡库区的环境保护[J].重庆三峡学院学报,2002,18(3):102-105.

吉海涛.利益相关者视角下资源型企业社会责任研究[D].沈阳:辽宁大学,2010(6).

吉海涛.资源型企业生态责任的利益相关者协同作用分析[J].南京理工大学学报(社会科学版),2009,22(1):97-100.

贾兴平,刘益.外部环境、内部资源与企业社会责任[J].南开管理评论,2014,6:13-18,52.

姜启源.数学模型[M].北京:高等教育出版社,1998.

蒋雨思.外部环境压力与机会感知对企业绿色绩效的影响[J].科技进步与对策,2015, 32(11):72-76.

蒋志松.重构新的利益协调机制[J].经济研究导刊,2008,11:3-5.

金帅,盛昭瀚,杜建国.排污权交易系统中政府监管策略分析[J].中国管理科学,2011, 4(19):174-183.

劳爱乐,耿勇.产业生态学和生态工业园[M].北京:化学工业出版社,2003.

黎赔肆,李利霞.网络结构洞对机会识别的影响机制:网络知识异质性的调节效应[J].求索,2014(7):24-28.

黎晓燕,井润田.社会网络、创新行为、企业信任间的关系研究[J].科学学研究,2007, 25(5):947-951.

李备友.基于复杂网络的证券市场传闻扩散与羊群行为演化研究[D].南京:南京航空航天大学,2012.

李春发,郝琳娜,刘利,等.生态工业共生网络中的鲁棒优化模型[J].运筹与管理, 2011,06:45-50.

李久鑫,郑绍濂.管理的社会网络嵌入性视角[J].外国经济与管理,2002,24(6):2-6.

李敏.企业社会网络对组织变革的影响[J].生产力研究,2004(3):153-155.

李萍.复杂网络中若干模型上的传播特性研究[D].济南:山东师范大学,2013.

李守伟,钱省三,沈运红.基于产业网络的创新扩散机制研究[J].科研管理,2007,28(4):49-54.

李卫宁,陈桂东.外部环境、绿色管理与环境绩效的关系[J].中国人口·资源与环境,2012,20(9):84-88.

李文伟.关于绿色营销的研究观点综述[J].经济纵横,2006,15:76-79.

李勇进,陈兴鹏,陈文江.白银市资源型企业间关系的社会网络分析[J].干旱区地理,2008,31(2):298-305.

李宇凯,翁明静,杨昌明,等.我国资源型企业可持续发展制约因素与对策研究[J].中国人口·资源与环境,2010,20(3):451-454.

李正彪.企业成长的社会关系网络研究[D].成都:四川大学,2005.

梁丽娜.基于元胞自动机的证券市场中的羊群行为研究[D].桂林:广西师范大学,2011.

梁肖肖.基于元胞自动机的投资者情绪传播模型研究[D].广州:广东工业大学,2011.

廖中举.企业认知地图研究:内涵、形成与效应[J].外国经济与管理,2014,36(10):32-39.

林东宏.社会网络对于合作行为演化的影响[D].新竹:台湾交通大学,2005.

刘蓓蓓,俞钦钦,毕军,等.基于利益相关者理论的企业环境绩效影响因素研究[J].中国人口·资源与环境,2009,19(6):80-84.

刘德海,徐寅峰,李纯青.个体与群体之间的一类博弈问题分析[J].系统工程,2004,22(12):6-9.

刘美玲.BA无标度网络模型的应用及扩展[D].武汉:武汉理工大学,2005.

刘树林,邱菀华.多属性决策的广义双基点排序法[J].系统工程理论与实践,1998,18(2):22-25.

刘燕娜,林伟明,石德金,等.企业环境管理行为决策的影响因素研究[J].福建农林大学学报(哲学社会科学版),2011,14(5):58-61.

卢强,凌虹,吴仁海.企业的绿色战略[J].环境保护,2000,6:36-38.

卢现祥,朱巧玲.新制度经济学[M].北京:北京大学出版社,2007.

路江涌,何文龙,王铁民,等.外部压力、自我认知与企业标准化环境管理体系[J].经济科学,2014(1):114-125.

罗桂荣,江涛.基于SIR传染病模型的技术扩散模型的研究[J].管理工程学报,2006,20(1):32-35.

罗志恒,葛宝山,董保宝.网络、资源获取和中小企业绩效关系研究:基于中国实践[J].

软科学,2009,23(8):130-134.

马驰,吴炎炎,汤临佳,等.传统经济和循环经济条件下企业的行为分析[J].工业技术经济,2006(7):24-25.

牟扬.基于元胞自动机的证券投资行为扩散研究[D].成都:成都理工大学,2009.

潘霖.中国企业环境行为及其驱动机制研究[D].武汉:华中师范大学,2011.

彭远春.城市居民环境认知对环境行为的影响分析[J].中南大学学报(社会科学版),2015,21(3):168-174.

秦佳荔.环境行为视角下隐性的环境问题[D].青岛:中国海洋大学,2012.

秦颖,曹景山,武春友.企业环境管理综合效应影响因素的实证研究[J].工业工程与管理,2008,1:105-111.

秦颖,吴春友,吴春光.生态工业共生网络运作中存在的问题及其柔性化研究[J].软科学,2004,18(2):38-41.

邱尔卫.企业绿色管理体系研究[D].哈尔滨:哈尔滨工程大学,2006.

邱菀华.管理决策与应用熵学[M].北京:机械工业出版社,2002.

曲英,朱庆华,武春友.绿色供应链管理动力、压力因素实证研究[J].预测,2007(5):1-6.

荣智海,吴枝喜,王文旭.共演博弈下网络合作动力学研究进展[J].电子科技大学学报,2013,01:10-22.

芮明杰,樊圣君."造山":以知识和学习为基础的企业的新逻辑[J].管理科学报,2001,03:14-24,45.

尚航标,黄培伦,田国双,等.企业管理认知变革的微观过程:两大国有森工集团的跟踪性案例分析[J].管理世界,2014(6):126-141,188.

史进,童昕.绿色技术的扩散:中国三大电子产业集群比较研究[J].中国人口·资源与环境,2010,20(9):120-126.

孙大鹏,朱振坤.社会网络的四种功能框架及其测量[J].当代经济科学,2010,32(2):69-77.

孙凌宇,何红渠.基于演化博弈的资源型企业生态产业链形成研究[J].青海社会科学,2011,2(2):95-101.

孙宁.社会网络对新创企业融资方式及其绩效的影响研究[D].武汉:武汉大学,2011.

孙昕霙,郭岩,孙静.北京城乡居民强化酱油购买行为分析[J].中国公共卫生,2008,01:66-69.

孙昕霙,郭岩,汪思顺,等.应用创新扩散理论分析贵州妇女铁酱油购买行为[J].中国健康教育,2008,2:85-88.

塔尔德. 模仿律[M]. 何道宽,译. 北京:中国人民大学出版社,2008.

谭利. 复杂网络模型及应用研究[D]. 长沙:中南大学,2010.

田家华,邢相勤,曾伟,等. ISO14031 标准在国有资源型企业环境绩效评价中的应用[J]. 中国行政管理,2009,293(11):27-29.

田占伟. 基于复杂网络的微博信息传播研究[D]. 哈尔滨:哈尔滨工业大学,2012.

童昕. 集群中的绿色技术创新—扩散研究——以电子制造的无铅化为例[J]. 中国人口·资源与环境,2007,17(6):66-71.

汪小帆,李翔,陈关荣. 网络科学导论[M]. 北京:高等教育出版社,2012.

王宝英. 基于博弈论的企业社会责任研究[J]. 中北大学学报(社会科学版),2011,05:59-63.

王桂强,魏晓平. 基于 N 人博弈网的公民社会责任分析:群体败德及对策[J]. 北京大学学报(哲学社会科学版),2006,43(2):125-131.

王红. 企业生态责任理论研究[J]. 经济论坛,2008(6).

王日爽. 基于 Bass 模型的网购行为扩散预测模型研究[D]. 大连:大连理工大学,2012.

王涛. 产业集群内企业间知识转移影响因素研究[D]. 济南:山东大学,2012.

王玮,雷虹,陆红艳. 利益相关者对企业环境管理的影响研究——以珠三角纺织印染企业为例[J]. 汕头大学学报(人文社会科学版),2011,27(1):51-59.

王馨,艾庆庆. 基于网络视角的企业社会责任战略选择研究[J]. 科技进步与对策,2013,30(07):97-100.

王宜虎,陈雯. 工业绿色化发展的动力机制分析[J]. 华中师范大学学报(自然科学版),2007,1(41):125-129.

王铮,吴静. 计算地理学[M]. 北京:科学出版社,2011.

王知津,樊振佳. 基于社会网络分析的企业竞争情报战略[J]. 图书·情报·知识,2007,6:5-10.

王志杰,贺斌. 基于 SIR 模型的产业集群知识扩散与种群增长模型分析[J]. 商业时代,2013,30:123-124.

吴思华. 策略九说:策略思考的本质(第二版)[M]. 台湾:脸谱出版社,2000.

伍秋萍,冯聪,陈斌斌. 具身框架下的社会认知研究述评[J]. 心理科学进展,2011,19(3):336-345.

武春友,吴荻. 市场导向下企业绿色管理行为的形成路径研究[J]. 南开管理评论,2009,12(6):111-120.

谢洪明,刘少川. 产业集群、网络关系与企业竞争力的关系研究[J]. 管理工程学报,

2007,2:15-18.

谢雄标,严良,程胜.我国资源型企业资源效率管理行为分析及政策建议[J].中国人口·资源与环境,2008,18(1):207-211.

谢振东,许森,焦豪.价值链与创新型产业集群社会网络特征研究——基于浙江省产业集群的实证分析[J].技术经济,2007,26(12):43-46,50.

谢振东.产业集群背景下企业社会网络与创业绩效的关系研究[D].杭州:浙江大学,2007.

徐大伟.企业绿色合作的机制与案例研究[M].北京:北京大学出版社,2008.

徐强.企业绿色管理决策影响因素研究[D].大连:大连海事大学,2008.

徐增勇,宋运忠.谣言短信传播网络拓扑性质研究[J].河南理工大学学报(自然科学版),2008,27(2):217-223.

闫国东,康建成.中国公众环境意识的变化趋势[J].中国人口·资源与环境,2010,20(10):55-60.

杨波.复杂社会网络的结构测度与模型研究[D].上海:上海交通大学,2007.

杨德锋,杨建华,楼润平,等.利益相关者管理认知对企业环境保护战略选择的影响——基于我国上市公司的实证研究[J].管理评论,2012,24(3):140-149.

杨德锋,杨建华.企业环境战略研究前沿探析[J].外国经济与管理,2009,31(9):29-37.

杨东宁,周长辉.企业环境绩效与经济绩效的动态关系模型[J].中国工业经济,2004,4(4):43-50.

杨东宁,周长辉.企业自愿采用标准化环境管理体系的驱动力:理论框架及实证分析[J].管理世界,2005(2):85-95.

杨静,施建军.社会网络视角下企业绿色战略利益相关者识别研究[J].管理学报,2012,9(11):1609-1615.

杨菊萍.集群企业的迁移:影响因素、方式选择与绩效表现[D].杭州:浙江大学,2012.

杨启航.生态工业园企业环境行为及影响因素研究[D].大连:大连理工大学,2013.

杨廷忠.艾滋病危险行为的扩散研究[J].中华流行病学杂志,2006,27(3):264-269.

姚胜,刘荣祥.对影响开发商决策因素的模糊分析[J].扬州大学学报(自然科学版),2002,5(3):65-68.

叶强生,武亚军.转型经济中的企业环境战略动机:中国实证研究[J].南开管理评论,2010,13(3):53-59.

应尚军,魏一鸣,范英,等.基于元胞自动机的股票市场投资行为模拟[J].系统工程学报,2001,05:382-388.

于秀辉.基于传播模型的数字"微内容"网络扩散研究[D].北京:北京邮电大学,2011.

于洋.高层管理者社会资本、资源获取与战略决策质量之关系研究[D].成都:西南财经大学,2013.

原毅军,耿殿贺.环境政策传导机制与中国环保产业发展[J].中国工业经济,2010,2(10):65-74.

张炳,毕军,袁增伟,等.企业环境行为:环境政策研究的微观视角[J].中国人口·资源与环境,2007,17(3):40-44.

张劲松.资源约束下企业环境行为分析及对策研究[J].企业战略,2008,2(7):33-37.

张鳗.环境规制与企业行为间的关联机制研究[J].财政问题研究,2005,3(4):34-39.

张青.公众环保意识影响地方政府环保决策的范例——广东番禺垃圾焚烧厂选址事件的分析[J].江苏技术师范学院学报,2011,17(9):8-13.

张台秋,杨静,施建军.绿色战略动因与权变因素研究——基于转型经济情境[J].生态经济,2012(6):28-32.

张晓爱,邓何黎.生态系统的组织理论:食物链动态论与互惠共生控制论[J].动物学研究,1996,17(4):429-436.

张亚娟.企业战略的演化逻辑及超边际分析[D].哈尔滨:哈尔滨工业大学,2006.

张跃,邹寿平,宿芬.模糊数学方法及其应用[M].北京:煤炭工业出版社,1992.

赵正龙.基于复杂社会网络的创新扩散模型研究[D].上海:上海交通大学,2008.

钟晶晶.中石化指国标制约油品升级[N].新京报,2013-02-01.

周明,梁培培,石凤光.区域生态工业系统演化数值模拟[J].系统工程理论与实践,2011,31(5):971-975.

周曙东."两型社会"建设中企业环境行为及其激励机理研究[D].长沙:中南大学,2012.

周曙东.企业环境行为影响因素研究[J].统计与决策,2011,2(22):181-183.

周小虎.基于社会资本理论的中小企业国际化战略研究综述[J].外国经济与管理,2006,5:17-22.

朱庆华.绿色供应链管理动力/压力影响模型实证研究[J].大连理工大学学报(社会科学版),2008,2(29):6-12.

朱瑞忠.产业集群中核心企业成长研究[D].杭州:浙江大学,2007.

Adler P S,Kwon S W. Social capital:Prospects for a new concept[J]. Academy of Management Review,2002,27(1):17-40.

Adriano A T, Charbel J C J, Ana B L de S J. Relationship between green management and environmental training in companies located in Brazil: A theoretical framework and case studies[J]. International Journal of Production Economics, 2012, 140(1):318-329.

Ahuja G. Collaboration networks, structural holes, and innovation: A longitudinal study [J]. Administrative Science Quarterly, 2000, 45(3):425-455.

Aldrich H E, Martinez M A. Many are called but few are chosen: An evolutionary perspective for the study of entrepreneurship[J]. Entrepreneurship: Theory & Practice, 2001, 25(4):41.

Anderson, Lynne M., and Thomas S. Bateman. Individual environmental initiative: Championing natural environmental issues in U.S. business organizations[J]. Academy of Management Journal, 2000, 43(4):548-570.

Aragón-Correa J. A. Strategic Proactivity and Firm Approach to the Natural Environment[J]. Academy of Management Journal, 1998, 41(10):556-567. Bames R K. Freedom of Thought in American Life=M8. Nation, 1954, 178(3):53.

Bansal P, Roth K. Why companies go green: a model of ecological Responsiveness[J]. Academy of Management Journal, 2000, 43:717-736.

Barabási A L, Albert R. Emergence of scaling in random networks[J]. science, 1999, 286(5439):509-512.

Barabási A L, Bonabeau, E. Scale-free networks[J]. Scientific American, 2003, 288: 60-69.

Barrat A, Barthelemy M, Pastor S R, et al. The architecture of complex weighted networks[J]. Proc. Natl. Acad. Sci. U. S. A., 2004, 101(11):3747-3752.

Beckman Christine M, Pamela R. Haunschild. Network learning: The effects of partners' heterogeneity of experience on corporate acquisitions[J]. Administrative Science, 2002(47):92-124.

Berry M A, Rondinelli D A. Proactive corporate environmental management: A new industrial revolution[J]. Academy of Management Executive, 1998, 12(2):38-50.

Zhang Bing, Yang Shuchong, Bi Jun. Enterprises' willingness to adopt/develop cleaner production technologies: An empirical study in Changshu, China[J]. Journal of Cleaner Production, 2013, 40(2):62-70.

Blanco E, Rey Maquieira J, Lozano J. The economic impacts of voluntary environment performance of firms: A critical review[J]. Journal of Economics Surveys, 2009, 23(3):462-502.

Bollobas B. Random Graphs[M]. New York: Academic Press(second edition),2001.

Bonifant B C, Arnold G, Long T. Gaining competitive advantage through environmental investment[J]. Business Horizon,1995(7-8):37-47.

Burt R S. Structure holes: The social structure of competition[M]. Cambridge: Harvard University Press,1992.

Chaiken S,Trope Y. Dual-process theories in social psychology[M]. New York: The Guilford Press,1999.

Chandrasekaran D,Tellis G J. A critical review of marketing research on diffusion of new products[J]. Review of Marketing Research,2007,3:39-80.

Charbel J C J,Adriano A T. Managing environmental training in organizations: Theoretical review and proposal of a model[J]. Management of Environmental Quality: An International Journal, 2010,6(21):830-844.

Charkham J. Corporate governance: Lessons from abroad[J]. European Business Journal,1992,4(2):8-16.

Clarkson M. A stakeholder framework for analyzing and evaluating corporate social performance[J]. Academy of Management Review,1994,20:92-117.

César C. Effects of coercive regulation versus voluntary and cooperative auto-regulation on environmental adaptation and performance: Empirical evidence inSpain[J]. European Management Journal, 2010, 28:346-361.

Watts D J,Strogatz S H. Collective dynamics of 'small-world' networks[J]. Nature. 1998, 393(6684):440-442.

Thornton D,Kagan R,Gunningham N. Sources of corporate environmental performance [J]. California Management Review,2003,46(1):127-141.

Davern,Micheal. Social networks and economic sociology: a proposed research agenda for a more complete social science[J]. American Journal of Economics and Sociology,1997, 56:287-303.

David G,Pauline D. Reflections on implementing industrial ecology through eco-industrial parks development[J]. Journal of Cleaner Production,2007,(15):1683-1695.

Diego A V B,Catherine L H. Environmental management intentions: An empirical investigation of Argentina's polluting firms[J]. Journal of Environmental Management,2010(91):1111-1122.

Dorogovtsev S N,Mendes J F F. Exactly solvable small-world network[J]. Europhys. Lett,2000,50:1-7.

Earnhart D, Lubomir L. Effects of ownership and financial status on corporate environmental performance[R]. William Davidon Working Dissertation, 2002: 492.

Erdös P,Rényi A. On the evolution of random graphs[J]. Publications of the mathematical institute of the Hungarian academy of sciences, 1960, 5:17-61.

Ferederick W C. The growing concern over business responsibility[J]. California Management Review,1960,2:54-61.

Florida R. Lean and green:The move to environment ally conscious manufacturing[J]. California Management Review;1996,39(1):80-105.

Freeman L C. Centrality in social networks and conceptual clarification[J]. SocialNetworks,1997,1:215-239.

Freeman R E. Strategic management:A stakeholder approach[M]. Boston,MA:Pitmian,1984.

Qi G Y,Shen L Y,Zeng S X,et al. The drivers for contractors' green innovation: An industry perspective[J]. Journal of Cleaner Production,2010,18:1358-1365.

Geeta M. The effects of accessibility of information in memory on judgments of behavioral frequencies[J]. Journal of Consumer Research, 1993,20(3):431-440.

George I K. Location,networks and firm environmental management practices[J]. Journal of Environmental Planning and Management, 2001, 44(6):815-832.

Gilsing V,Nooteboom B. Density and strength of ties in innovation networks: An analysis of multimedia and biotechnology[J]. European Management Review, 2005(2): 179-197.

Giorgos P,Spyros L. Values, attitudes and perceptions of managers as predictors of corporate environmental responsiveness[J]. Journal of EnvironmentalManagement, 2012,100:41-51.

Girvan M,Newman M E J. Community structure in social and biological networks[J]. Proc. Natl. Acad. Sci. USA, 2002, 99(12):7821-7826.

Granovertter M. The Strength of weak ties:A Network Theory Revisited[M]. In Marsden,PV. &N. Lin. Social Structure and Network Analysis Beverly Hills,1982.

Gray W B,Ronald J S. 'Optimal' pollution abatement – whose benefits matter, and how much[J]. Journal of Environmental Economics and Management 2004, 47:510 – 534.

Ho T H,Sergei S,Christian T. Managing demand and sales dynamics in new product diffusion under supply constrain[J]. Management Scienee 2002,48(2):187 – 206.

Hussey D M,Eagan P D. Using structural equation modeling to test environmental performance in small and medium – sized manufactures: Can SEM Help SMES[J]. Journal of Cleaner Production,2007,15(4):303 – 312.

Jorge C,Robert Z. The evolution of maquiladora best practices:1965 – 2008[J]. Journal of Business Ethics,2009,2(88):335 – 348.

Kanawattanachai Y. Development of transitive memory systems and collective mind in virtual teams[J]. The International Journal of Organizational Analysis, 2001 (9): 187 – 208.

Karonski M. A review of random graphs[J]. Journal of Graph Theory,1982,6:349 – 389.

Kasturirangan R. Multiple scales in small – world graphs[J]. Arxiv preprint cond – mat/ 9904055,1999.

Khanna M,Anton W R. Corporate environmental management: Regulatory and market – based incentives[J]. Land Economics 2002,78(4):539 – 558.

Klassen R D,Mclaughlin C P. The impact of environmental management on firm performance[J]. Management Science,1996,42(8):1199 – 1214.

Kleinberg J. Navigation in a small world[J]. Nature, 2000, 406: 845.

Knoke D,Kuklinski J H. Network analysis[M]. The International Professional Publishers,1996.

Laumann E, Galaskiewicz J, Marsden P V. Community structure as inter – organizational linkages[J]. Annual Review of Sociology,1978(4):455 – 484.

Lee M,Cho Y. The Diffusion of Mobile Telecommunications Services in Korea[J]. Applied Economics Letters,2007,14:477 – 481.

Wu Leiyu. Entrepreneurial resources,dynamic capabilities and start up performance of Taiwan's high – tech Firms[J]. Journal of Business Research,2007,5(60):549 – 555.

Lepoutre J, Heene A. Investigating the impact of firm size on small business social responsibility: A critical review[J]. Journal of Business Ethics, 2006, 67(3): 257 - 273.

Li M H, Fan Y, Wang D H, et al. Modelling weighted networks using connection count[J]. New J. Phys, 2006, 8: 72.

Lin N. Social resources and social mobility. Social Mobility and Social Structure[M]. Cambridge: Cambridge University Press, 1990.

Lin N. Social capital: A theory of social structure and action[M]. Cambridge: Cambridge University Press, 2001.

Lindell M K, Whitney D J. Accounting for common method variance in cross - sectional research designs[J]. Journal of Applied Psychology, 2001, 86(1): 114 - 121.

Mahajan V, Muller E, Bass F M. New product diffusion models in marketing: A review and directions for research[J]. Journal of Marketing, 1990, 54(1): 1 - 26.

Mansfield E, Jeong Y L. The modern university: Contributor to industrial innovation and recipient of industrial R&D support[J]. Research policy, 1996, 25(7): 1047 - 1058.

Mark C B, William H T, James M B. Citizenship behavior and the creation of social capital in organizations[J]. Academy of Management Review, 2002, 27(4): 505 - 522.

Mark G. Economic action and social structure: The problem of embeddedness[J]. American journal of sociology. 1985. 91(3): 481 - 510.

Marsden P V, Hurlbert J S. Social resources and mobility out comes: A replication and extension[J]. Social Forces, 1988, 66(4): 1038.

María D L G, José F M A, Enrique C C. The potential of environmental regulation to change managerial perception, environmental management, competitiveness and financial performance[J]. Journal of Cleaner Production, 2010, 2(18): 963 - 974.

McEvily B, Perrone V, Zaheer A. Trust as an organizing principle[J]. Organization Science, 2003, 14(1): 91 - 106.

Miles R E, Snow C C. Organizations: New concepts for new forms[J]. California Management Review, 1986, 28(3): 62.

Mitchell J C. The concept and rise of social networks: Social networks in urban situations[M]. Manchester UK: Manchester University Press, 1969.

Mitchell A, Wood D. Toward a theory of stakeholder identification and salience: Defining the principle of who and what really counts[J]. Academy of management Review,

1997,22:853-886.

Moore C,Newman M E J. Epidemics and percolation in small-world networks[J]. Physical Review E,2000,61:5678-5682.

Newman M E J. The structure and function of complex networks[J]. SIAM Review,2003,45:167-256.

Newman M E J. Assortative mixing in networks[J]. Physical Review Letters,2002,89(20):208701.

Tichy N M,Fombrun C. Social network analysis for organizations[J]. Academy of Management Review,1979,4(4):507-519.

Pastor S R,Vespignani A. Epidemic spreading in scale-free networks[J]. Phys. Rev. Lett.,2001,86:3200-3203.

Porter M E,Vander L V C. Green and competitive[J]. Harvard Business Review,1995(9-10):120-134.

Ravasz E,Somera A L,Mongru D A,et al. Hierarchical organization of modularity in metabolic networks[J]. Science,2002,297:1551-1555.

Robertson P L,Langlois R N. Innovation,networks and vertical integration[J]. Research Policy,1995,24(4):543.

Rogers E M. Diffusion of innovations[M]. New York:The Free Press:Macmillan Publishing Co,1995.

Ronald S B. Structural holes:The social structure of competition[J]. Social Science Electronic Publishing,1992,40(2):909-910.

Runa S. Public policy and corporate environmental behavior:A broader view[J]. Corporate Social Responsibility and Environmental Management,2008,15(5):281-297.

Salman N,Saives A L. Indirect network:An intangible resource for biotechnology innovation[J]. R&D Management,2005,35(2):203-215.

Scott W R. Organizations:Rational,natural and open systems[M].(3rd). New Jersey:Prentice-Hall,1992.

Steffens P R. A model of multiple ownership as a diffusion process[J]. Technological Forecasting and Social Change,2002,70:901-917.

Sterr T,Ott T. The industrial region as a promising unit for eco-industrial development:Reflections,practical experience and establishment of innovative instruments to support industrial ecology[J]. Journal of Cleaner Production,2004,12(10):947-965.

Tieri P,Valensin S,Latora V,et al. Quantifying the relevance of different mediators in the human immune cell network[J]. Bioinformatics,2005,21:1639.

Umberson D. The effect of social relationships on psychological well-being: Are men and women really so different? [J]. American Sociological Review,1996,61(5):837.

Westbrook R A,Oliver R L. The dimensionality of consumption emotion,patterns and consumer satisfaction[J]. Journal of Consumer Research,1991,18(6):84-91.

Wilma R A,Geogre D,Madhu K. Incentives for environmental self-regulation and implications for environmental performance[J]. Journal of Environmental Economics and Management,2004,2(48):632-654.

Liu Xianbing,et al. An empirical study on the driving mechanism of proactive corporate environmental management in China[J]. Journal of Environmental Management,2012,2(91):1707-1717.

Yan G,Zhou T,Wang J,et al. Epidemic spread in weighted scale-free networks[J]. China Physical Letters, 2005, 22(2):510-513.

Yli-Renko H, Autio E, Sapienza H J. Social capital, knowledge acquisition and knowledge exploitation in young technology-based firms[J]. Strategic Management Journal, 2001(22):587-613.

Zheng D, TrimPer S, Zheng B,et al. Weighted scale-free networks with stochastic weight assignments[J]. Phys. Rev. E,2003,67:040102.

Zhu Q H, Sarkis J. An inter-sectoral comparison of green supply chain management in China: Drivers and practices[J]. Journal of Cleaner Production 2006,2(14):472-486.

后 记

本书是在国家自然科学基金项目"基于社会网络视角下的资源型企业绿色行为形成与扩散机制研究"(编号：71273246)的部分研究成果基础上编写而成的。在书稿完成并出版之际，对研究和写作过程中给予我们指导、支持和帮助的专家、朋友和学生充满感谢！

感谢在调研活动中给予支持的朋友。在案例研究中，我们得到了湖北兴发集团、中国石化荆门分公司、国投煤炭有限公司河南分公司的大力支持。在大样本调查中，我们得到了湖北省化学工业生产力促进中心及积极响应调查的资源型企业的大力支持，在此表示衷心的感谢！

感谢国家自然科学基金委员会及相关专家。在研究过程中，课题组成员参加了自然科学基金委员会组织的相关研讨会，交流过程中得到了诸多专家的支持和帮助，特别是杨列勋处长、魏一鸣教授、范英教授、杨晓光教授、周德群教授等的指教让我们受益匪浅，对他们的帮助致以深深的敬意！

感谢中国地质大学（武汉）经管学院的严良教授、杨树旺教授、於世为教授、余敬教授、王开明教授、帅传敏教授、郭锐教授、陈莲芳教授、李江敏副教授、刘江宜副教授等，在研究过程中他们给予了很好的指导和帮助！

感谢博士生李新宁、李素峰、周敏和硕士生李姣宇、吴越、张倩、沈明、陈菲、汪玲、乌力雅苏等，在课题研究、资料收集、文稿校正等方面做的大量工作，感谢他们的辛劳与智慧！

感谢相关研究学者。本书参考了国内外大量研究文献，限于篇幅，没有一一列出，在此表示深深的歉意并致以衷心的谢意！

此外，感谢中国地质大学出版社的老师们，正是他们严谨、细致的工作，才使得本书得以顺利出版。

著 者

2017 年 4 月